포스트모던의 이해

이준표 저

태림문화사

포스트모던의 이해

서 문

프랑스 Le Monde지의 한 칼럼니스트가 포스트모던건축의 등장에 대한 충격을 “유럽 전역에 도깨비가 배회하고 있다. : 포스트모던”이라는 타이틀의 글을 쓴 지 이미 반세기가 훨씬 더 지났다.* 그러나 이제 포스트모던은 도깨비 같은 기괴하고 난해한 그 어떤 것이 아니라 모던의 부정적 현상에 대한 반발과 함께 모던의 논리에 의해 상실된 다양한 가치와 억압된 욕구의 회복을 추구하는 우리 시대의 지배적인 건축적 사조를 나타내는 용어로, 이제 이에 대한 올바른 이해가 요구된다고 하겠다.

그러나 모던과는 달리 포스트모던은 아직 지배적인 논리가 정리된 것이 아니라 이런 저런 측면에서 여전히 암중모색을 하고 있는 단계이다. 예컨대 어떤 건축가들은 과거의 토속 및 고전건축의 재인식을 통해서, 어떤 건축가들은 모던의 재해석을 통해서, 어떤 건축가들은 진보된 하이테크의 적용을 통해서, 그리고 또 어떤 건축가들은 소위 해체주의 건축을 통해 그 어떤 해법을 찾고자 하고 있다.

따라서 포스트모던은 무엇이라고 한마디로 정의하는 것은 무리이나, 모던과는 전혀 다른 접근 방법을 취하고 있다는 점은 분명한 듯하다. 이런 점에서, 포스트모던의 이해에는 모던과는 전혀 다른 사고방식이 요구된다고 하겠다. 이런 맥락에서 볼 때, 포스트모던은 Thomas Khun이 그의 책 〈The Structure of Scientific Revolution〉」에서 말하

---

* 이 말은 Karl Marx가 ‘공산당선언’에서 자본주의 등장을 비판적으로 표현한 문구 “유럽 전역에 도깨비가 배회하고 있다 : 자본주의”를 차용하고 있다.

는 '패러다임(paradigm)'의 변화로 이해하는 것이 더 효과적일 수 있다.**

본서의 의도는 포스트모던의 대두 배경 및 그 내용과 의미를 체계적으로 살펴봄으로써 포스트모던의 진정한 의미와 가치를 이해하고 재인식하는 계기를 마련하고자 함에 있다. 그러나 포스트모던이라는 주제가 워낙 광범위하고 또한 아직도 논의와 연구가 진행되고 있는 분야이기 때문에, 막상 책을 출간하려고 하니 미흡한 점이 한 두 가지가 아니어서 두려운 마음이 앞선다. 차후 미흡한 점을 보완할 것을 약속하면서 동시에 독자 제현의 질책과 조언을 기대한다.

** 패러다임이란 특정한 그 어떤 시기에서의 일종의 과학적 또는 문화적 컨센서스, 지배적인 사고방식, 또는 지적 활동의 틀을 말한다. 그런데 Thomas Khun은 패러다임이 바뀌는 것을 과학혁명이라고 지칭하는데, 그 이유는 과학의 발전 과정은 연속이 아니라 단절이고 연장이 아니라 비약이며 진화가 아니고 혁명이기 때문이다. 따라서 모던과 포스트모던은 이러한 측면에서 볼 때 사고방식의 전환, 즉 패러다임의 변화로 이해할 수 있다.

목 차

I. 서 언

건축을 설명하고 해석하는 데는 언제나 많은 방법들이 존재하여 왔는데, 그 이유는 건축 그 자체가 매우 복합적인 성격을 지니고 있기 때문이다. 그럼에도 불구하고 건축의 변화를 돌이켜 볼 때, 건축에 대한 이 모든 접근 방법들은 각 시대의 건축의 생성을 한정시켜주는 몇몇 단순한 지배적인 사상을 중심으로 결국 표현되어 왔다.

어떤 시기에는 건축적 창조가 새로운 기술과 새로운 미학을 추구하면서 온갖 가능성이 충만한 〈모색기〉가 있다. 로마시대, 르네상스시대, 그리고 1900년대가 바로 그러한 시기에 해당한다. 그 후 〈확신의 시대〉가 도래하는데, 이 시기에는 단지 하나의 진리, 하나의 미학, 그리고 하나의 건축만이 존재할 뿐이다. 모두 비슷한 성당만이 존재하게 되는 고딕시대, 표준화된 궁궐만이 존재하게 되는 바로크시대, 그리고 도처에 유리 상자 모양의 건물만이 반복하여 존재하게 되는 모던의 시대가 바로 이 시기에 해당된다. 따라서 이 시기에는 지배적이고 보편적이며 매우 엄격한(또는 경직된) 범주의 형태를 취하게 된다. 이러한 확신의 시대 다음에는 〈의문과 불확실의 시대〉가 뒤따른다. 건축적 창조가 다시금 많아지지만 그 어떤 것을 향하여 가는 것이 아니라 오히려 그 어떤 것에 반발하게 된다. 포스트고딕시대, 포스트바로크시대, 그리고 바로 포스트모던시대가 이 시기에 해당된다. 이 경우 건축적 창조는 감성적인 것, 커뮤니케이션, 그리고 집단적인 감정에 가치를 부여하게 된다. 따라서 그러한 건축적 창조는 더욱 상대적인 것이 되며 전적으로 그러한 건축을 창조하는 집단에 종속된다.

이런 맥락에서 오늘날의 건축은 크게 두 가지 시기로 구분되고 있다는 점을 상기하여야 할 것이다. 1900년부터 1972년 사이에는 오늘날 건축과 도시의 형성에 결정적인 영향을 미친 일단의 개혁적이고 진보주의적인 건축가들을 중심으로 일어난 모던운동(Modern Movement)이 지배적인 사조였으며, 1972년 이후부터는 소위 포스트모던운동(Post-modern Movement)이 출현하여 건축과 도시에서의 새로운 방향을 모색하고 있다.[1)]

포스트모던은 과거와의 단절과 함께 '무(無)에서의 창조(創造)'를 시도하였던 모던의 문제점에 대한 반발이 일차적 동기지만, 그러나 포스트모던의 진정한 동기는 모던에 의해 상실된 다양한 가치의 회복과 억압된 욕구의 분출에 있다고 할 수 있다. 따라서 모던에 대한 충분한 이해 없이는 포스트모던을 진정으로 이해할 수는 없을 것이다. 따라서 본서의 의도는 모던과 포스트모던 간의 비교를 통한 이중적 접근을 바탕으로 포스트모던의 내용과 그 의미 그리고 그 영향으로 나타난 건축과 도시에서의 최근의 경향을 체계적으로 살펴봄으로써 포스트모던에 대한 올바른 이해를 제고하고자 함에 있다.

1) 모던운동과 포스트모던운동의 시대 구분을 명확히 한다는 것은 다소 무리가 있다. 왜냐하면 사실 포스트모던운동의 대두는 1972년 훨씬 이전부터 그 조짐이 있어 왔기 때문이다. 그럼에도 불구하고 1972년을 포스트모던운동의 시작으로 보는 이유는 건축 비평가 Charles Jencks가 1972년 미국에서 일어난 'Pruitt-Igoe 주거 단지'의 비극적인 폭파사건을 보고, "근대건축은 그 운명을 다 하였다"라고 상징적으로 언급한 데서 기인한다. 본서에서는 이하 대부분 운동이라는 말을 빼고 모던과 포스트모던으로 기술하고 있는데, 그 이유는 여러 가지 면에서 본서의 내용 전달에 있어 더 효과적일 뿐만 아니라 또한 구체적인 결과보다는 패러다임의 변화로서의 모던과 포스트모던의 의미를 더 강조하기 위해서이다.

Ⅱ. 모던의 발생 배경

산업혁명 이후 일어난 급격한 도시화로[2)] 도시는 엄청나게 확장되었으나, 그 모습은 일반적으로 무질서하고 비위생적이었다. 또한 산업화로 인한 철도와 공장이 새로운 요소로 등장하면서 대규모 공장지대와 그에 따른 도시노동자들을 위한 산업도시가 등장하였다. 그러나 산업도시는 대량생산이라고 하는 생산방식이 지배적이자 절대적 가치를 지녔던 시기의 산물이자 표현이며, 본질적으로 무성격한 격자형 가로망을 따라 반복적으로 건물들이 나열되는 가장 초보적이고 실용적인 수준의 도시였다. 따라서 산업도시에서의 전형적인 가로 체계는 과거 도시와는 대조적으로 노동자 숙소로 가는 접근로의 제공이라는 하나의 목적을 위해 구상되어졌다. 그러므로 그러한 공간은 스케일과 성격에 있어 과거 도시에서 볼 수 있었던 다양한 기능이나 활동을 유발하고 수용하기에는 미흡한 것이었다.

산업혁명 이전 도시는 주어진 지형, 기후, 재료 등의 조건에 의한 그 어떤 자연적인 리듬에 의해 규정되고 수식되었으나, 산업도시에서는 모든 것이 인위적으로 됨으로써 그러한 패턴과 리듬이 현저히 결여된 상태로 되었다. 또한 이 시기 삶의 모든 부분에서의 특징은 저

---

2) 산업혁명으로 인한 도시화의 가장 두드러진 현상은 급격한 도시 인구의 증가이다. 1810년부터 1910년까지 100년 사이의 주요도시의 놀라운 인구증가를 살펴보면, 파리는 60만에서 300만으로, 런던은 60만에서 700만으로, 베를린은 18만에서 350만으로, 그리고 뉴욕은 6만에서 450만으로 증가하였다.
(Marcel Roncayolo et Thierry Paquot, Villes & Civilisation Urbaine, Larousse, 1992, p.257 참조)

속함과 평범함이었다. 따라서 인간의 창조적 정신은 무디어지고 성공의 척도는 질(質)이 아닌 양(量)으로 되었다. 여하튼 19세기의 도시 발전은 과거와는 달리 능력 있는 사업가 또는 개인기업에 의해 주도되었기 때문에, 그에 따른 생산 위주의 편의주의로 인해 자연경관 및 도시경관이 마구 파괴되어 그 모습이 추하게 되었고 또한 공해 문제가 대두되었다.

그렇지만 급격한 도시화에 따른 무질서하고 비위생적으로 확장된 기존의 도시를 개조함에 있어 당시 도시 계획가들은 지난 세기의 거창한 도시 구성 형태를 취하였다. 그리하여 그들은 기념물로 덮인 광대한 도시를 머릿속에 그렸고, 베르사유 정원에서 고무되어 거창한 구상을 하게 되었다. 이러한 새로운 도시들은 비위생적인 여러 구역들을 시원하게 정리하고 복잡하게 얽힌 구(舊)도로를 해결하기 위해 건설되었다고 흔히 말한다. 그건 사실이다. 그러나 이러한 도시계획은 대담하고 과감한 신흥 부르주아들의 의지에 특히 부응하는 것이었다. 결국 그들은 산업사회의 정신에 부합하는 새로운 도시의 건설이 아닌 과거의 귀족들이 그랬던 것처럼 다음 세대에게 그들의 이러한 업적을 남겨주고 보여주고자 했던 것이다.

건축에서도 이와 같은 현상을 볼 수 있다. 이 시기 건축가들은 새로운 유형의 건물(예 : 공장, 역, 창고 등), 새로운 건축 재료(예 : 철, 콘크리트, 유리 등), 그리고 새로운 구조(예 : 철골조, 철근콘크리트조 등)에 직면하였으나, 르네상스의 건축 원리에 따라 교육을 받아온 당시 건축가들로서는 이에 대한 전례가 없었기에 그 형태를 어떻게 처리해야할지 우왕좌왕하고 있었다. 그리하여 그들은 새로운 기능에 맞는 형태를 창출하지 못하고 여러 가지 과거 역사적 양식들을 사용하여 짓게 되었다. 이에 따라 도시는 르네상스 양식의 시청과 관공서, 고딕 양식의 학교와 병원, 공장 등 다양한 양식이 서로 경쟁하는 곳이 되었으며, 그로 인해 도시경관은 회복할 수 없을 정도로 손상되었다.

주거의 경우도 마찬가지인데, 19세기 건설업자들은 언뜻 보기에도 양립할 수 없는 두 가지 목표를 실현하고자 하였다. 즉 매우 수익성 있는 건물이면서 동시에 사라진 제후들의 궁궐과 닮은 주거건물을 지으려고 했던 것이다. 그리하여 18세기 궁궐이 그러한 건물의 모델이 되었는데, 그러한 궁궐 자체는 16세기 이탈리아의 주거건물을 이어받은 것이었다. 또한 장식에 있어서도 많은 문제가 있었음에도 불구하고 구시대의 것을 다시 사용하였다. 결국 이 시기에 나타난 건축은 앞으로의 문제를 해결함에 있어 과거의 형태를 사용하였던 것이다.

양적인 요구가 다소 덜 급박했던 1900년경에 이르러서야 비로소 산업시대 건축에 대한 문제가 근본적으로 제기되었고, 이에 따라 그때까지 이루어졌던 모든 것에 대한 격렬한 반동이 나타나기 시작하였다(즉 Art Nouveau운동). 그러나 새로운 영감을 추구함에 있어 1900년 시기 건축가들은 자연으로 눈을 돌리기 시작하였다. 그리하여 그들은 식물 모양의 괴상한 건축을 만들어 냈다. 그 후 1925년경 새로운 건축 창조를 위한 노력으로 아르 데코(Art Deco) 양식이 고안되었지만, 기실 그것은 건축이라기보다는 하나의 장식이었던 것이다.

당대의 진정한 건축혁명을 초래하였으며, 오늘날 건축 및 도시환경의 형성에 결정적인 영향을 미친 모던(운동)이 출현한 것은 양차세계대전 사이의 일이다. 모던은 일단의 개혁적인 진보주의자들에 의해 주도되었다. 물론 당시엔 개혁 성향의 진보주의자들뿐만 아니라 자연주의자나 문화주의자들의 주장도 있었지만, 진보주의자들에 의한 모던의 논리가 자연주의자나 문화주의자들의 논리에 비해 당시의 사회적 및 경제적 여건에 적용하기 쉽고 또한 기술적 열망에 쉽게 부응할 수 있었다. 뿐만 아니라, 새로운 사회는 새로운 공간에 수용되어야 한다는 개혁적인 사고(즉, 새 술은 새 부대에)의 결과로 인해 모던의 논리는 급속하게 퍼져 나갔다.

즉 이러한 새로운 사고는 무질서하고 비위생적으로 무분별하게 사방으로 뻗어나가던 19세기 도시에 대한 반동작용으로 일어난 것이었다. 또한 모던운동을 주창하는 진보주의자들은 확고부동한 규칙에 얽매여 있는 이전의 교과서적인 건축(즉 academism)을 거부하였다.

Ⅲ. 모던의 이론적 배경과 원칙

"위대한 시대가 막 시작되었다.
이제 새로운 정신이 존재한다."
- Le Corbusier -

1. 모던의 이론적 배경

1) 객관성 : 실증주의적 합리

근대도시 형성에 결정적인 영향을 미친 모던(운동)은 산업혁명 이후 급격한 도시화와 이에 따른 무질서하고 비위생적인 도시환경에 대한 적절한 계획과 통제의 필요성, 그리고 과거의 비효율적인 방식으로부터 벗어나고자 일어난 운동이다. 따라서 모던의 두 가지 주된 과제는 일찍이 과거시대에 경험하지 못했던 양적 문제에 대한 효과적이고도 합리적인 생산체계의 확립과 경직된 과거의 아카데미즘을 극복할 수 있는 자율적인 이론적 근거를 확립하는 것이었다. 그리하여 1928년부터 근대건축국제회의, 즉 CIAM(Congrès Internationaux d'Architecture Moderne)가 이루어졌고, 1933년에는 CIAM에 참여하는 진보적인 근대건축가(특히 Le Corbusier의 생각이 많이 반영되었음)들에 의하여 모던의 진정한 교리라고 볼 수 있는 아테네 헌장이 만들어졌다. 따라서 Le Corbusier의 글이나 일련의 CIAM의 내용에서 모던의 정신과 취지를 잘 살펴볼 수 있다. 특히 1928년 스위스 사라에서 열렸던 CIAM회의에서의 선언과 사라회의에 참가한 사람들에게 배포된 설명서에서 모던의 기본정신과 그 취지를 잘 나타나 있다.

1928년의 사라 선언 (초록)

"건축은 그 시대를 표현할 뿐이다.

그러므로 아래에 서명한 우리 건축가들은 과거사회에서 쓰였던 방법을 단호히 거부한다. : 우리는 이 시대 삶의 정신적, 지적, 그리고 물질적 요구를 만족시키는 새로운 건축개념의 필요성을 주장하는 바이다.

기계주의에 의해 야기된 사회구조의 심각한 혼란을 인식한 우리는 경제 질서와 사회생활의 변화가 필연적으로 이에 상응하는 건축 현상의 변화를 초래한다는 것을 인정한다.

비록 과거시대와는 근본적으로 다른 것으로 귀결된다 할지라도, 이제부터 건축가는 손기술에 얽매인 구시대의 낡은 개념을 버리고 오늘날 산업기술에 의거해야 함은 참으로 긴급한 일이 아닐 수 없다."

사라 회의에서 배포된 설명서 (초록)

"우리가 여기에 모인 불가피하고도 긴요한 임무는 오늘날 건축의 여러 가지 상이한 요소들 간의 조화를 이룩하고, 건축을 경제적 및 사회학적 목적이라고 하는 건축의 진정한 목적에 이끌고자 함에 있다. 그러므로 이제 건축을 따분하기 이를 데 없는 과거의 교과서적이고 공식적인 것으로부터 해방시켜야 한다."

이러한 맥락에서 볼 때, 모던은 과거와의 분명한 단절을 표명하고 있다. CIAM을 주도했던 건축가 Le Corbusier 역시 '위대한 시대가 막 시작되었다. 이제 새로운 정신(l'esprit nouveau)이 존재한다.'라고 말하면서 과거와의 단절을 언급하고 있다. 그런데 여기서의 '새로운 정신'이란 Le Corbusier의 표현에 의하면 '과학적 연구를 활성화시키는 것'이다. 따라서 새 시대에는 과학적인 것이 의미하는 질서, 엄밀함, 정확함, 순수함이 요구되어진다는 것이다. 결국 모던운동의 새로운 정신이란 기존의 가치를 배제하고 객관적으로 납득할 수 있고 입증될 수 있는 실증주의적 합리를 말한다.

그러나 모던을 이해하기 위해서는, 당대의 사회적 모순과 속박을 극복하고자 했던 18세기 합리주의 사상에 그 근원을 두고 있음을 먼저 살펴보아야 할 것이다. 즉 모던은 당대 합리주의 사상가인 Kant나

Descartes의 사상과 Ledoux, Durand와 같은 위대한 이상주의자로서의 건축가들의 연구의 연장선상에 있는 것이다. 이들 건축가들은 바로크시대 전반에 걸쳐 그 근본원리가 되었던 연계성을 문제 삼았다. 16세기 이래 건축가들은 구성 요소 상호간의 긴밀한 연결 관계 및 그로 인한 단일한 구성으로부터 건축과 도시를 구상하여 왔다. 이러한 연계성의 원리는 구성의 머리 부분이라고 할 수 있는 지배적인 것의 출현을 가져왔는데, 예컨대 교회의 돔, 궁궐에 있어서의 중심부, 시청의 종탑과 같은 것들이었다. 그리고 도시는 언제나 매우 뚜렷한 경계에 의해 제한되었는데, 예컨대 도시를 감싸고 있는 성벽 등과 같은 것들에 의해서였다. 이러한 위계와 공간의 한계는 그 당시의 사회적 위계 및 구속적 상황을 충실히 반영하는 것이었다.

이러한 연계성의 집착으로 바로크 건축가들은 필요성보다는 상징에 그 중요성을 두었고 비효용적인 것이 효용적인 것을 압도하게 하였으며 기념적인 건축을 일상적인 건축보다 더 중시하였다. 한마디로 표현한다면 용도보다는 상징을 더 생각하였던 것이다. 그러나 이러한 연계성의 원리는 합리주의(또는 이성주의) 사상에 의해서 격렬하게 문제시 되었는데, 그러한 사상의 거장은 Descartes와 Kant였다. 이러한 합리주의적 사상을 근거로 당대의 몇몇 건축가들은 연계성의 원리를 거부하고 그 대신 자율성이라고 하는 근본 원리로 대체하기 시작하였다.[3)]

사실 Vitruvius 이후, 건축론은 좋은 건축을 실현하기 위해 건축가들이 따라야만 하는 규칙을 정하는 것이었다. 그리하여 이러한 절대적인 규정들은 이러저러한 형태나 비례체계를 강조하면서, 그리고 건축역사 속에서 취한 그 어떤 각별한 참조물을 모방해야 할 모델로 삼으면서 건축가의 활동을 규정하였다. 그러나 이러한 규칙과 참조물들은 본질적으로 그러한 결과에 도달하기 위한 방법보다는 완성된 결과

---

3) 바로크의 연계성과 근대의 자율성은 Emil Kaufmann이 그의 저서 〈De Ledoux à Le Corbusier〉에서 사용한 용어이다.

에 관계되는 것이었다. 즉 인정된 유일한 길이란 정해진 秩(order)에 따르는 것이므로 건축의 구상방식 그 자체에 대해 생각하는 것은 매우 제한적인 것이었다.

그러나 Descartes에 의해서 새로운 형태의 사고가 출현하였는데, 그것은 과학적 진실의 추구가 그 목적인 이성에 근거한 패러다임으로써 목적 지향적 방법론의 개념 출현이 그것이다. 그는 그의 저서 〈방법서설〉』에서 이성의 길에 대한 네 가지 원칙을 정의하였다. :

1) 분명한 방식으로 존재하는 것만을 진실로 받아들일 것.
2) 어려운 문제는 그것을 보다 잘 해결하기 위해 가능한 한 나누어서 생각할 것.
3) 생각을 정도에 따라 가장 단순한 것으로부터 가장 복잡한 순서대로 정리할 것.
4) 누락된 것이 없도록 완전하게 열거할 것.

합리주의적 방법에 의한 Descartes식 사고는 분리적이고 분석적(단순한 요소로 나눔)이며 선형적(인과적 고리)이다. 또한 그것의 성향은 단순화에 있다. 즉 이치를 따지는 인간의 능력은 그러므로 문제가 분해될 수 있는 단순한 요소와 그리고 결합에 의해 효과적으로 그것들을 다루게 하는 단순한 규칙을 인식할 수 있는 때부터 발휘된다.[4)]

건축에 있어 Descartes식의 거장인 Durand은 과거로부터 받은 유산인 형태의 모방에 근거하는 모든 건축 그리고 아름다움의 근거에 대한 그때까지의 모든 편견을 거부하면서 백지상태에서 시작하였다. 그에게 있어 건축의 목적은 '공적 및 사적 유용성'이며 거기에 도달하는

4) 오늘날의 시각으로 본다면, 주체와 객체를 분리한 그러한 방법은 인식의 주체의 역할을 묵과했다는 비난을 쉽게 받을 수 있다. 또한 한편으로는 상호관계를 무시한 채 객체들 간의 분리를 하고, 다른 한편으로는 적대관계나 복잡성 그리고 우주에서의 인간이 가진 지식과 능력의 한계를 배제한 채 단순하고 명확한 질서를 전제로 하는 이러한 환원주의는 비판받을 수 있다.

방법은 알맞음과 경제성 이외에는 없다는 것이다. 즉 건물이 견고하고 위생적이고 편리하다면, 그 건물은 적합한 것이다. 그리고 경제성은 시각형, 규칙성, 대칭, 그리고 단순함에 의해 이루어진다. 그리고 이러한 것들은 이성적인 인간이라면 언제나 당연히 하게 되는 일반적인 원리들이라는 것이다. 이러한 담론은 유용한 건물을 만드는 것보다는 장식을 하는 기법을 더 강조했던 이전의 건축론과는 다른 것이었다. 그에 의하면, 실제로 경제성은 일반적으로 생각하는 것처럼 미(美)에 장애가 되는 것이 아니라, 반대로 미에 대한 가장 풍부한 근원이라는 것이다.

그리하여 그들은 아무 것도 서로 관련을 갖지 않는 건물을 만들었는데, 그 건물 자체는 또한 그 건물이 처해 있는 주변 환경과 아무런 관계가 없는 고립적인 건물이었다. 그들은 이 같은 의지를 더욱 잘 표명하기 위해 정방형, 원형, 그리고 심지어는 자율성의 진수를 나타내는 구형(球形)의 형태를 도입하기도 하였다. 그들은 또한 처해 있는 터(site)와 아무런 관련 없이 그저 나열되어 있는 건물로 이루어지는 수수한 도시를 원했다. 그들은 모든 위계를 거부하였다. 따라서 그들의 설계에는 더 이상 그 어떤 지배적인 것을 두지 않았다. 그들은 온갖 외적 요인을 거부하였으며 끊임없이 원리의 근본을 추구하였고 독창적 창조의 순수함을 회복하고자 하였다. 그들은 모든 장식을 거부하였다. 왜냐하면 Durand의 말처럼, '공상적인 방법으로 건물을 장식하고자 하는 것은 우스꽝스러울 뿐만 아니라 무익한 것'이기 때문이었다. 그들은 상징을 거부하고 기능을 재발견하였다. 이 점에 관해 Ledoux는 '기능적으로 꼭 필요한 것이 아닌 모든 것들은 우리의 눈을 피로하게 하고 사고에 해로우며 전체에 그 어떤 보탬이 되지 않는다'라고 말하고 있다.

이러한 18세기 합리주의자들의 사상은 20세기에 들어서자 모던을 주도했던 일단의 진보주의적 건축가들에 의해 그 어느 때보다도 더 격렬하게 나타났다. 즉 모던의 창시자들은 Ledoux와 동시대의 사람들이 완성할 수 없었던 것을 절정에 이를 정도로 그러한 사상을 실행하였다. 다시 말해 모던주의자들은 자율성이라고 하는 근본원리를 다시 취했고 추호의 빈틈없이 그것을 발전시켜 나갔던 것이다.

이제 그 어느 것도 더 이상 그 무엇과도 관련되어서는 안 된다. 건물의 입면은 온갖 장식을 벗어버린 벽체 위에 반복되는 독립적인 창으로 구성되어야 한다. 그리고 도시는 아무것도 없는 광활한 공간에 산재한 건물들로 이루어져야 한다. 이제 그 어느 곳에서도 위계라고 하는 것은 존재하여서는 안 된다. 이제 도시는 더 이상 지붕, 중심부, 지배적인 요소, 한계를 가져서는 안 된다. 도시는 사방팔방으로 끝없이 펼쳐질 수 있는 것이다. 이제 더 이상 외적인 구속 조건은 존재하지 않는다. 전혀 새로운 도시를 창조해야 한다. 그러기 위해서는 더 이상 정해진 모델을 규정하지 말고 끊임없이 기본원리에서 새로 시작해야 한다. 이제 유용성이 없는 장식은 없다. 그러므로 장식이라고 하는 것은 죄악시해야 한다. 이제 그 어디에도 상징은 없다. 그러나 기능은 도처에 존재한다. 건축은 이제 더 이상 엘리트를 위한 엘리트의 창조물이 아니고 최대 다수를 위한 대중의 생산물이다.

모던은 완벽한 일관성을 보여주고 있는데, 그것은 바로 18세기 위대한 이상주의자들의 사상을 매우 극단적이라고 할 수 있을 정도로 실현하고자 했기 때문이다. 그리하여 전근대와는 전혀 다른 형태의 근대건축과 도시가 출현하게 되었다.

2) 보편성 : 전형적 인간의 설정

근대사회는 과거의 귀족사회나 계급사회가 아닌 산업사회이자 시민사회이며 또한 대중사회이다. 그러므로 시민과 대중에 대한 새로운 정의가 필요하게 되었다. 또한 시민과 대중의 등장으로 사회에 대한 생각뿐만 아니라 사회의 경험적 조건의 중요성을 인식하게 되었고 이에 따라 관심사도 변하게 되었다. 그리하여 도덕이라고 하는 추상적 개념은 현실에 바탕을 둔 구체적인 개념으로 되어야 한다는 것과, Platon의 정관적(靜觀的)인 모델은 보다 역동적인 절대필요성에 그리고 더 이상 소수인들의 전유물이 아닌 사회 전체의 해방과 전환에 밑거름이 되는 이상주의에 자리를 내주어야 한다는 것을 요구하기에 이르렀다.

계몽주의 이후 모든 적극적인 이상주의자들의 이론적 기초가 되었던 이러한 견해는 분명 우선적으로 Newton의 합리주의에 의해 함양되었다. Newton으로 인하여 이제 물질세계의 제성질과 현상은 의심스럽고 회의적인 사색에 의거함이 없이 설명되어졌으며 관찰과 실험에 의해 입증되었다. 그런데 Newton이 물리적 세계가 합리적인 체계임을 입증하였다면, 정신의 메커니즘—좀 더 구체적으로 말한다면, 사회의 메커니즘— 역시 그렇게 될 수 있다는 것을 보여주지 못할 이유는 없지 않은가 라는 의문이 제기되었다. 다시 말하면, 정신의 메커니즘 또한 인간적 조건을 개조하고 물리적 법칙과 같은 확실한 법칙에 따르도록 할 수는 없겠는가 하는 의문이 제기된 것이었다.

그리하여 사회적 혁명을 주장하는 사람들은 사회의 메커니즘을 굳건한 토대에 앉히기 위해, 과학적 혁명을 주장한 사람들이 자연을 관찰했던 것과 마찬가지로 자연적인 사회에 각별한 관심을 둘 수밖에 없었다. 그리고 합리적인 사회의 모델로 자연적 사회를 제시하게 됨으로써 필연적으로 자연적인 인간의 연구에 이르게 된다. 그러기 위해서는 인간의 최초 모델을 파악하고 규명하여야 할 것이며, 인간의 온갖 문화적 오염과 사회적 타락을 제거해야 할 것이며, 유혹과 타락(즉 원죄) 이전, 즉 제로 상태인 토착 상태에서 생각하여야 할 것이다. 18세기에 훌륭한 원시의 신화라고 하는 이 같은 충격적인 허구를 출현시키게 된 것은 바로 이성과 순수함에 대한 억제할 수 없는 이러한 충동의 맥락에서이다.

그러므로 근대주의자의 사상은 인간은 이성이 밝혀내는 자연법칙에 의해 지배되는 세상에 속한 존재이고, 이성 역시 이러한 자연법칙에 종속된다는 것을 입증하는 것이었다. 그리하여 이러한 근대주의자들의 생각은 민중, 민족 또는 국가, 사람 전체를 자연법칙에 따라 작용하는 사회집단과 동일시하였으며, 신의 계시나 초인의 결정에 의거하여 속임수로 정당화 시키고자 하는 온갖 구성 조직의 형태와 비합리

적인 지배를 떨쳐버려야만 했다.[5)]

자연적인 인간이란 장소와 시간의 온갖 우연성과 차이에 관계없는, 그리고 과학적으로 추론될 수 있는 기본 욕구의 유형으로 정의될 수 있는 '전형적(典型的)인 인간'으로서의 개념이다. 그러므로 이제 근대 사회에서의 인간은 그 어떤 사회나 문화에 물들지 않은 순수한 인간, 누구에게나 공통적인 가장 기본적인 욕구를 지닌 그리고 삶에 있어 가장 기본적인 최소한의 기능을 수행하는 추상적인 존재로 환원되었던 것이다.

이러한 전형적인 인간의 설정은 도시와 건축에 대한 접근태도에 있어 추상적 개념의 대두라고 하는 커다란 변화를 가져왔다. 즉 모던은 우선적으로 시간과 공간상에서 서로 바꿔치기가 가능한 개체로써의 인간이라는 추상적 개념에 근거하게 된다. 즉 인간은 누구나 기본적인 욕구나 속성이 같기 때문에 이제 그를 위한 최소한의 室 및 주거 단위의 설정이 가능해졌으며, 또한 소위 소요실면적산출(space program)을 위한 각종 자료의 정리가 가능해졌다. 또한 이러한 추상적 개념은 건축 형태에 있어서 종래의 지붕, 기둥, 벽, 창, 문, 기초 등과 같은 구체적 어휘 대신에 추위와 더위를 막는 기능, 채광과 환기를 위한 기능, 중력과 횡력에 저항하는 기능 등과 같은 추상적인 기능어휘로의 전환을 가져왔다. 그리하여 과거의 건축 어휘에 존재했던 기후, 사회, 문화 등에 따른 형태의 차이나 상징적 의미는 사라지고 단지 설정된 기본적인 기능을 가장 효과적으로 수행할 수 있는 수식이나 도형으로 표현됨으로써 통계나 기하학을 중시하게 되었다.

도시적 스케일로서는, 도시는 다양하고 복잡한 실체가 아닌 단지 기

---

5) 이는 세상 속에서의 인간, 즉 사회적 인간이라고 하는 사상이다. 그러므로 정치적 사회적 맥락을 고려함이 없이 모던을 논한다는 것은 어렵다. 왜냐하면 〈진보〉라고 하는 것에 온통 그 방향을 잡은 모던의 사상은 물리적, 경제적 및 사회적 환경에 준거한 〈인간의 해방〉을 그 목표로 삼고 있었기 때문이다. 사회적 차원의 견지에서 볼 때, 모던운동의 이러한 사상은 정치적 시작이다. 그러한 사상은 개인의 양도할 수 없는 새로운 권리라고 하는 혁명의 원리에서 영감을 받고 있기 때문이다.

본적인 기능(예 주거, 노동, 교통, 위락)을 수행하는 기능적 실체로 환원되어, 이러한 기능 간의 기계적 효율성을 위해 같은 기능 간의 합침을 주로 하는 소위 지역지구제(zoning)의 대두를 가져왔다. 그리하여 종래의 다양한 길과 광장, 아케이드 등과 같은 구체적인 도시 공간 어휘는 사라지고 기능관계를 지칭하는 추상적 어휘가 쓰이기 시작하였다.

또한 이러한 기능적 관계를 중시하는 추상적 개념은 그것의 적용에 있어 지역적, 지형적, 그리고 사회 문화적 차이를 두지 않기 때문에 건축 및 도시의 형태에 있어 기하학적 형태의 등장을 초래했는데, 건축에 있어서는 소위 박스형의 육면체가 그리고 도시에 있어서는 격자형을 주로 하는 평면기하학이 그 주류를 이루게 되었다. 그리하여 불도저식 방식, 즉 모든 것을 무시한 백지상태에서의 접근을 하였던 것이다.

이는 가장 합리적인 것, 즉 가장 기능적인 형태는 언제, 어디에서나 그리고 그 누구에게도 그대로 적용될 수밖에 없다는 실증주의적 논리의 보편성에 연유한다. 그렇기 때문에 모던의 전형적 인간의 설정은 건축 및 도시의 형태를 가장 기본적인 기능체로 단순화하는 것으로 귀결된다. 따라서 모던의 논리에 의하면 복잡하고 다양함이란 바로 무질서하고 아름답지 못한 것이라는 등식이 성립되는 것이다.

3) 산업화 및 체계화 : 전형적 형태의 설정

모던은 시민 대중을 위한 정치적 사회적 해방뿐만 아니라 물리적 및 물질적 해방을 위한 그 자신의 산업혁명을 또한 완수하여야 했다. 그런데 도시와 건축의 스케일과 그 유형의 변화를 가져온 철과 콘크리트 등과 같은 새로운 재료의 체계적인 사용만으로는 불충분한 것이었다. 그야말로 진정한 근대적 효율성을 얻기 위해서는 규격화 및 단위화를 통한 산업화(즉 대량 생산)와 연결되어야만 했다. 이러한 요구는 게다가 기술과 예술을 결합하고자 했던 당시의 조형예술의 연구와도 일치하는 것이었다.

바우하우스(Bauhaus)의 기본적인 취지 역시 그때까지 일반적으로 개별적인 것으로 취급되어져 왔던 예술과 기술의 결합에 있었다. 따라서 예술의 대중화, 산업화에 초점을 맞추기 위해 바우하우스의 교육과정에는 모든 중세적인 것과 표현주의적인 것 그리고 장인들의 수공업에 부여되었던 역할을 배제하였다. 그리하여 기술과 시공이라는 견지에서 개혁적인 작업들이 개발되었다. 이러한 노력은 문화와 산업혁명의 결과로 인한 생산과의 괴리를 줄이고, 형태에 대한 이들의 연구가 사람들의 일상생활의 개선에 도움을 주고자 함이었다. 그리하여 바우하우스에서의 교육은 가능한 한 최대로 기술과 경제, 즉 규격화에 의한 연속 생산(즉 대량 생산)의 문제에 직결되었던 것이다.

이 점에 있어 Le Corbusier의 입장 역시 다를 바가 없었다. 그는 이러한 생각에 맞추어 대량 생산을 위한 새로운 타입의 집을 제안하였다. 도미노 집과 자동차 이름을 연상시키는 시트로엥 집이 바로 그것인데, 이를 통하여 그는 '집이란 곧 사람이 사는 기계(machine à habiter)'라는 개념을 발전시켰다.[6)]

모던의 산업화에 대한 취지는 '새로운 주거의 건설이야말로 근대사회문명의 특징을 결정적으로 규정하며, 근대산업 그 자체의 프로그램이 된다'라고 표명한 1937년의 파리회의에서도 잘 나타나 있다. 그러므로 모던은 건축을 합리성에 입각한 기술적 진보와 관계되는 여타의 분야와 같은 수준에 놓이게 하였다. 이제 새로운 가치에 부적당한 옛날의 주거는 모던운동의 명제를 통하여 합리적이고 근대적인 거주기계가 되었다. 그렇지만 개개의 주거건설에 이러한 시스템을 확장하여 적용하는 일은 대량생산체계에 의할 때 비로소 경제적으로 정당화될 수 있는 것이다.

이제 모든 복잡한 실체는 그것을 이루는 부품으로 조각조각 분해되어지는 기계로 여겨지게 되었다. 그렇기 때문에 건축과 도시는 가장 단순한 기능부품으로 분해되어진 후, 합리성에 근거한 새로운 방식으

---

6) 도미노 집은 건물의 기본적인 구성요소를 규격화하여 공장에서의 대량생산과 현장에서의 조립이 가능하도록 한 것이다. 즉 오늘날 조립식 주거의 원형이라고 볼 수 있다.

로 재조립되어야만 했다. 이러한 개념은 결국 기능을 그대로 표현하는 전형적 형태의 설정을 의미하는 것이다. 이러한 맥락에서 Le Corbusier는 앞으로의 도시를 위한 기본 단위로서 주거 단위(unité d'habitation)를 제안하였던 것이다.

Le Corbusier가 그의 저서 〈Urbanisme〉의 서두에서 '사람은 직선적으로 곧바르게 걷는다. 왜냐하면 그는 목적이 있기 때문이다. 즉 그는

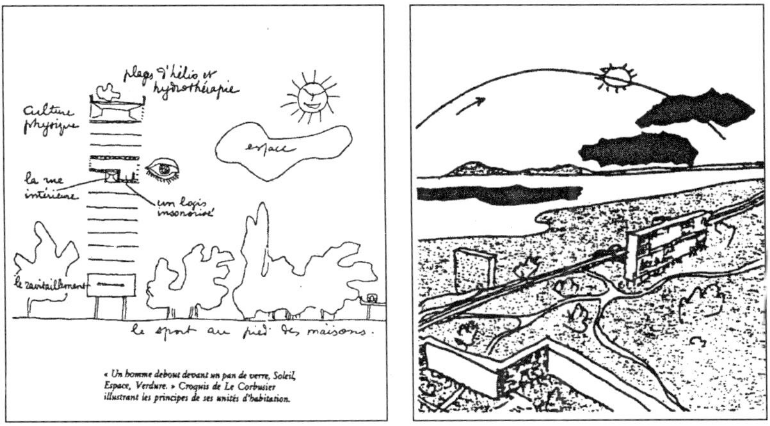

〈그림 3-1〉 Le Corbusier의 주거단위 개념도

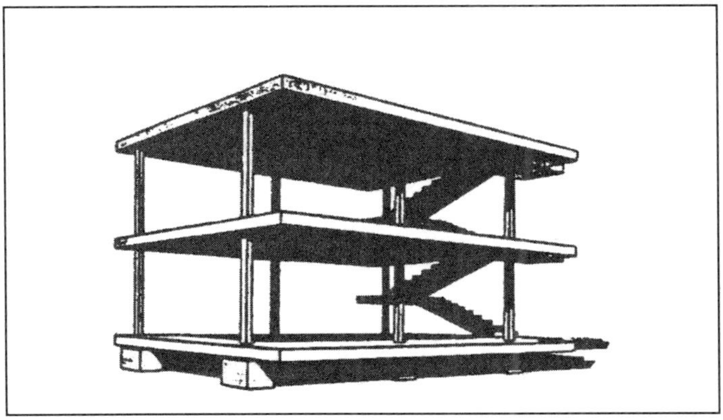

〈그림 3-2〉 Le Corbusier의 Dom-Ino 집

그가 어디로 갈 것인가를 알고 있고 또 갈 곳을 정했기에 그 곳을 향하여 곧바로 걷는 것이다'라고 말했듯이, 모던 역시 보다 나은 미래의 건설이라고 하는 목적을 추구하는 프로젝트화 되었으며, 또한 그러한 목적을 추구함에 있어 가장 효율적인 접근 과정, 즉 시간과 노력을 최소화하는 과정을 체계화하고자 하였다. 따라서 프로젝트는 그 속성상 선형적이라고 할 수 있다. 그런데 목적 지향적 체계화의 가장 전형적인 형태는 바로 나무체계이다.

이러한 프로젝트의 선형적 특성은 그것이 미래지향적이라는 것과 거기에는 예측과 통제라는 내재적 속성이 있음을 나타낸다. 그리하여 통계적 수치를 중시한다. 프로젝트의 선형적 특성은 또한 주어진 장소나 상황보다는 오로지 미래라고 하는 시간을 중시한다. 그리하여 발전은 곧 진보를 의미하며, 따라서 과거나 역사는 고려의 대상이 될 수 없는 것이다. 또한 프로젝트의 선형적 체계는 그 속성상 다양성이나 상대성이 허용되지 않고 그 체계 내에서 가장 효과적인 것만이 지배하게 되는 일원적 가치체계의 등장을 의미한다. 이런 이유로 모던 운동의 체계를 닫힌 체계(closed system)라고 부른다.

2. 모던의 원칙

1) 도시에서의 원칙 : 아테네 헌장

토지 및 영토의 이용관리에 관한 새로운 사고는 그 유명한 아테네 헌장에 집약되어 있다. 그 내용 중에서 중요한 것은 다음과 같다.

a. 대원칙

햇빛, 녹지, 그리고 공간은 도시의 3대 소재이다. 도시의 열쇠는 4가지 기능에 있다. 그것은 주거, 노동(또는 직장), 휴식(또는 위락), 교통이다. 계획은 네 가지 기능에 할당된 구역의 구조를 결정하며, 전

체 속에서 그 각각의 위치를 정한다. 그리고 네 가지 주요 기능은 각기 자율성을 갖는다.7)

b. 주거

도시계획을 시작함에 있어서의 핵심은 세포와 같은 각 세대이고, 그것을 집단 속에 끼워 넣음으로써 고층건물로 처리되는 주거 단위(unite d'habitation)를 형성함에 있다. 주거 단위는 보도에 의해서 더 이상 도로와 접합되어서는 안 된다. 교통로를 따라서 주거 단위를 열지어 세우는 것은 금지되어야 한다. 고층으로 처리된 주거 단위들이 서로 상당한 거리를 두고 세워진다면 넓은 녹지공간을 위해 땅을 해방시키는 것이 될 것이다. 또한 햇빛을 도입하는 것은 건축가의 새롭고도 긴급한 과제이다.8)

c. 노동(또는 직장)

공업 또는 산업지대는 주요 교통로(예, 수로, 육로, 그리고 철도)를 따라 원료가 지나가는 곳에 위치시켜야 한다. 직장과 거주지와의 거리는 최소화하여야 한다.9)

d. 휴식(또는 위락)

이제부터 모든 주거구역은 어린이, 청소년, 그리고 어른들의 유희와 스포츠를 위한 녹지공간을 갖고 있어야 한다. 이러한 새로운 녹지

---

7) 우리는 여기서 지역지구제(zoning)를 언급하고 있음을 알 수 있다.

8) Le Corbusier는 합리성이라는 면에서 미래도시주거의 모델로서 여객선의 이미지를 사용하였다. 즉 모든 행위가 예측되어지고 계산되어지는 매우 제한된 면적 내에서 필요한 서비스시설을 최대로 응집시킨 주거단위를 설정함으로써 주변의 녹지공간을 최대로 확보하여 인간의 삶을 진정으로 꽃피울 수 있는 자연과 함께 하는 주거환경을 창조하고자 하였다. 따라서 그의 '빛나는 도시' 계획안에서 볼 수 있듯이 고층화된 주거 단위와 주변의 넓은 녹지공간으로 이루어지는 수직공원도시를 구상하였던 것이다.

9) 직주분리(職住分離)의 원칙을 알 수 있다.

공간은 명확하게 정의된 목적에 사용되어야 할 것인 바, 어린이 놀이 공간, 학교, 청소년센터, 그리고 주거와 긴밀하게 관련되는 모든 공동 시설을 포함하고 있어야 한다.[10)]

e. 교통

시속 4㎞의 보행동선과 시속 50에서 100㎞의 자동차 동선은 분리되어야 한다. 교통수단은 명확하게 구별되어야 하고, 그 각각에 알맞은 도로를 세워야 한다.[11)]

2) 건축에서의 원칙

모던의 아이디어는 건축에 관해서도 역시 혁신적인 것이었지만, 아테네 헌장에 집약되어 있지는 않았다. 다음에 열거되는 5개의 원칙들은 그것이 생각되고 피력되었던 이러저러한 상황을 살핌으로써 정리되어진 것들이다.

모던은 엘리트를 위한 건축이라기보다는 모든 사람을 위한 건축을 우선시 하였다. 그 점에 있어서 모던운동은 건축이라고 하는 개념이 기념물에 한정되었던 매우 오랜 전통과는 반대되는 것이었다. 따라서 최대다수를 위해 그 사업의 주체는 기업가나 부동산 개발업자들이 맡게 되었다.

모던의 주창자들은 건축은 산업시대의 생산방식에 의해 결정되어야 한다고 생각하였고, 그리하여 그들은 자동차 생산에서처럼 일련의 규격화를 통해 주거건물을 대량으로 건설하고자 하였다. 이 점에 있어, 그들은 예술로서의 건축과 수단으로서의 생산도구를 언제나 분리하려

10) 주거 단위는 동선과 녹지공간의 단위로, 격자(grid)의 크기는 400×400m이고 여기에 높이 50m의 주거 단위 2동이 들어가며, 한 단위의 수용인원은 2,700명이다. 하나의 격자 면적의 85%는 녹지공간이 된다. 한 주거 단위에서 필요한 장소(예, 녹지, 차고 등)와 제반 서비스시설(예, 상점, 학교 등)까지의 거리는 100m 이내로 한다.

11) 보차분리(步車分離) 또는 동선분리(動線分離)를 말한다.

했던 이전의 교과서적인 아카데미적 주창자들과는 반대된다.

a. 필로티에 의한 일층의 처리

주거건물 주위에 마련된 녹지공간에 충분한 가치를 부여하기 위해서는 일층은 해방되어야 한다. 그러므로 건물은 필로티 위에 세워져야 할 것이다. 이렇게 함으로써 조망이 주변의 공간으로 끝없이 펼쳐질 수 있다. 이는 또한 동선이나 정원을 위해 땅을 해방하고 습기로부터 멀어지게 함으로 더 합리적이다.

b. 거주 가능한 옥상

이젠 엘리베이터를 이용할 수 있기 때문에 이전의 건물과는 달리 옥상에 이용 가능한 시설을 할 수 있다. 한때 중시했던 저부(특히 일층)는 지상에 너무 인접한 관계로 소음 등 각종 번잡스러움이 있으므로 이제는 그 중요성이 상실된다. 반면에 과거에는 거의 사용할 수 없었던 지붕은 가장 재미있는 옥상공간으로 전환될 수 있다. 이는 또한 녹지, 일광, 위생을 위한 공간으로 사용될 수 있다.

c. 자유로운 평면

철근콘크리트에 의한 새로운 기술(즉 일체식 구조)은 돌이나 벽돌로 된 내력벽을 기둥으로 대체할 수 있게 하였다. 이로 인하여 건물의 내부 평면 구성은 구조적 제약 없이 매우 자유롭게 구성되어질 수 있다. 그리고 각 층이 서로 독립적이 됨으로써 입방체 건물의 최대한의 경제성, 엄격한 치수의 사용, 경비의 절약 등을 기대할 수 있다.

d. 자유로운 입면

앞에서와 같은 이유로, 외벽은 상부하중을 지지하는 구조체와 분리될 수 있다. 그렇기 때문에 소위 장막벽(curtain wall 또는 non-bearing wall)이 된다. 이러한 외부막은 기둥체계의 앞에 놓이게 됨으로, 건축가는 아무런 제약 없이 그의 형태적 의지를 표현할 수 있다.

차양(遮陽)수단에 의하여 외부의 열기를 차단할 수 있다면 이러한 장막벽은 유리로 처리될 수도 있다.

e. 수평창

과거 건물에 있어서 창의 폭은 그 창 상부에 놓이는 상인방 돌에 의해 제약을 받았다. 따라서 창의 형태가 수직적이었다. 그런 이유로 건축가들은 바닥과 천장의 장식을 중시하였다. 그러나 철근콘크리트 구조에서는 매우 긴 인방을 가능하게 함으로써 panoramic한 조망을

〈그림 3-3〉 빌라 사보이, 근대건축의 5원칙이 잘 나타나 있는 대표적인 건물(건축가 : Le Corbusier)

〈그림 3-4〉 마르세이유의 유니떼 다비따시옹(건축가 : Le Corbusier)

끌어들일 수 있는 긴 수평창으로 될 수 있다. 이에 따라 건축가들은 바닥과 천장의 장식을 경시하게 되었다. 그리하여 내부 공간과 외부 자연 간의 더 긴밀한 관계가 이루어지게 되었다.

이러한 원칙들은 진정으로 이전에 지어진 모든 것을 백지화하는 건축을 세우고 있다는 점에서 개념적인 관점에서의 혁명일 뿐만 아니라, Leonardo Benevolo가 강조한 것처럼 방법론적 견지에서도 혁명적인데, 그 이유는 그때까지 높게 평가받고 있던 문화주의적 및 철학적 참조를 전부 제거했기 때문이다. 그리고 새로운 건축은 이러한 원칙에 따라 당연히 그렇게 구상되어야 하지 다르게 해서는 안 된다는 것을 확인하였기 때문이다.

Ⅳ. 모던의 문제점

1. 다양한 도시공간과 도시조직의 상실

모던으로 야기된 두드러진 문제는 건축이 독자적이고 고립된 대상물로 되었다는 점이다. 건물의 설계는 이제 더 이상 컨텍스트와의 관계 속에서 이루어지는 것이 아니라, 컨텍스트와의 모든 관계가 무시된 단지 기능과 대량 생산의 이미지에 의해 지배되었던 것이다. 그리하여 근대도시는 고립되고 무관한 그리고 단지 인간의 경험에 매우 모호하게 관련되기만 하는 조각조각난 매우 단순한 건물들의 집합체처럼 되었다. 이러한 현상의 가장 두드러진 특징은 공적영역으로서의 다양한 도시공간의 쇠퇴와 사실상의 사라짐이다. 그리하여 전통적으로 다양한 사회적 및 기능적 역할을 했던 공간체계로서의 도시와 그에 따른 도시조직은 상실되었다.

그러나 의심의 여지없이 도시에서 우리의 경험은 대부분 공적 영역(즉 도시 공간)에서의 경험이다. 도시공간은 한 장소에서 다른 장소에 이르는 다양한 길을 제공해주는 것 이외에, 폭넓은 여타 기능과 활동을 위한 많은 공간을 제공한다. 계획된 그리고 자연발생적인 이러한 용도들은 접근로와 함께 도시를 구성하는 모든 개별적인 부분들과 사람들을 함께 묶어주는 일종의 접착제 역할을 한다. 그리하여 역사적으로 공적 영역은 접근로와 여타의 이용을 촉진하면서 아마도 집단적인 모임체로서의 사회를 가장 정확하게 비추는 거울이었다. 이런 까닭에 '공적 영역은 사회이다'라고 혹자는 말하기도 한다.

공적 영역은 사회가 이제까지 창조한 가장 포함적이고 수용적이며,

또한 가장 자연적이고 탄력적이며 이질적인 것이었다. 이런 맥락에서 볼 때, 도시경험은 사람들 간의 연결과 사회적 상호작용을 위해 구상된 장소와 공간의 집단적 경험이며 또 언제나 그래왔다는 것을 잊어서는 안 될 것이다.

그러나 모던에서의 객관성과 보편성 추구는 유감스럽게도 연결과 상호관계를 나타내는 도시조직(urban tissue)의 상실을 초래했다. 이를 다른 말로 표현한다면, 구성요소로써 다양한 도시 공간의 형태어휘 상실을 의미한다. 이는 도시공간에 대한 표현이 과거 오랫동안 도시의 구성요소로 쓰여 왔던 다양한 길, 광장, 회랑(回廊) 같은 구체적인 공간어휘 대신 '경제적인 공간, 합리적인 공간, 총체적인 공간, 무어라 형언할 수 없는 공간' 등과 같은 매우 애매모호하고 추상적인 어휘로 표현됨으로써, 근대 이전 도시에서 전통적으로 오랫동안 유지되어 왔던 구체적 '공간 체계로서의 도시'가 행정적 규제가 유일한 질서인 추상적인 '기능조직 체계로서의 도시'로 대체되어 왔음을 보여주고 있다.[12)]

오늘날 도처에서 볼 수 있는 대규모 아파트 단지는 구성요소로서의 도시 공간의 상실을 단적으로 잘 보여주는 대표적인 예가 될 수 있다. 이러한 아파트 단지의 외부 공간(즉 도시 공간)은 관련 제법규(예 : 인동간격, 사선제한, 용적률 등)에 의해 기계적으로 이루어지고 있음을 알 수 있다. 즉 건물의 규모(즉 한 동의 길이와 높이)가 정해지면 외부 공간의 크기와 형태는 거의 자동적으로 정해진다. 특히 주어진 건물의 단위가 한 두 가지라면, 외부 공간 역시 한 두 가지 형태(실상은 구체적인 공간의 형태를 인식할 수도 없지만)로 계속 반복된다. 그런데 이 경우 건물의 규모 설정에 영향을 주는 외적 구속 조건은 사실상 없기 때문에 거기에는 그 어떤 지속력 있는 구성 요소로서의 공간이나 그 형태 역시 존재할 수 없게 된다.

---

12) '공간체계로서의 도시'는 길과 광장 같은 도시의 구체적인 공적 공간을 구성 요소로 짜이는 도시구성 체계를 말하고, '기능조직체계로서의 도시'는 주거, 상업, 공업, 녹지지역과 같은 기능조직체로서의 도시를 말한다.

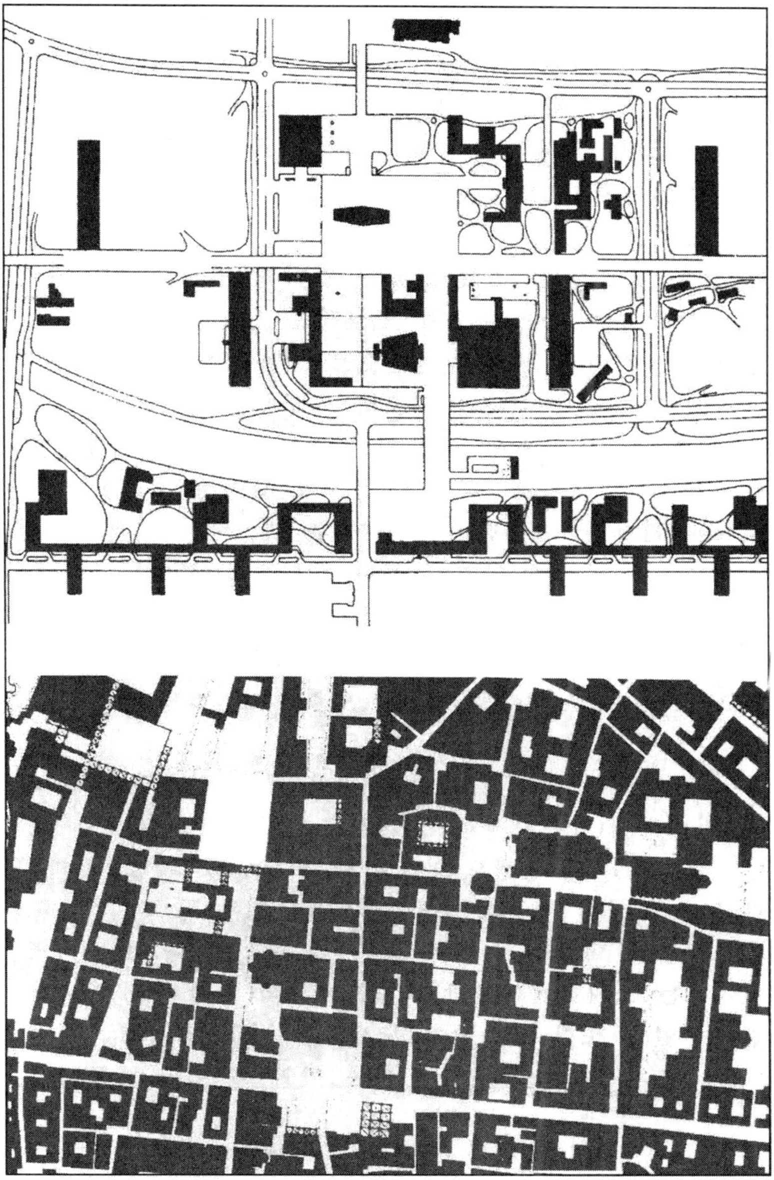

〈그림 4-1〉 모던에 의한 기존 도시조직 및 Figure-Ground 효과의 상실 : 아래의 기존 도시조직을 Le Corbusier가 위의 그림과 같이 계획함

이러한 현상에 대한 문제점을 구성이라는 측면에서 언어적 유추를 해본다면, 이는 매우 모호하고 추상적인 한 두 개의 단어가 그저 나열되어 있을 뿐 그 어떤 문장이나 이야기를 구성하지 못하고 있음을 나타내며, 음악적 유추를 해 본다면 매우 모호한 한 두 개의 음표가 단조롭게 반복되고 있음을 알 수 있다. 그런데 언어나 음악의 경우에 있어서의 구성요소가 되는 어휘 및 음표는 예나 지금이나 다름없이 그대로 사용되고 있으며, 또한 그러한 구성요소로 이루어지는 이야기나 음악이 무궁무진하다는 점을 주목할 필요가 있다.

물론 도시를 논함에 있어 언어적 및 음악적 유추에는 한계가 있지만, 도시라는 어휘가 존재하는 한 이에 상응하는 그 어떤 지속력 있는 도시의 기본적인 형태가 필연적으로 존재하여야 하는 것이라면, 그러한 기본적인 형태를 구성하는 최소한의 구성요소 및 그러한 요소

〈그림 4-2〉 다양한 도시 공간으로 짜인 도시의 예, 스트라스부르, 프랑스

들 간의 관계를 정의하는 기본적인 규칙은 마땅히 규명되어야 할 사항임에는 이론의 여지가 없을 것이다. 예컨대 언어에 있어 그러한 규칙은 문법이나 구문규칙에 해당한다. 이런 측면에서 볼 때, 비록 과거의 도시 형태가 오늘날의 여건에 맞지 않는다 하더라도 적어도 그 구성요소와 규칙을 포기한 모던의 추상화된 개념은 정당한 것이라 할 수 없다.

따라서 도시에 존재하는 모든 공간은 다 도시공간이라고 말할 수 없고, 마찬가지로 도시라고 이름 붙은 것이 다 도시라고 말할 수 없다. 즉 진정으로 도시가 도시답고 도시공간이 도시공간다워야 한다면, 도시의 기본적인(또는 초보적인) 형태 및 그 구성요소로서의 구체적인 도시 공간 어휘들은 회복되어야만 할 것이다. 왜냐하면 이러한 요소들로 짜이는 도시조직이야말로 도시에서의 복잡하고 다양한 삶이 배태되어질 수 있고 또한 전통적인 도시가 지니고 있었던 도시적 특질이나 분위기(즉 도시성)를 표출할 수 있는 기본적인 여건이기 때문이다.

2. 문화적 아이덴티티 및 지역성의 상실

모던의 자율성, 전형적인 인간 및 전형적인 형태의 설정은 소위 '국제주의양식(International Style)'의 출현을 가져왔다. 그것은 설정된 기본개념이나 원리에 충실하면 그 뿐, 그 어떤 외적조건에 영향을 받지 않는 모던운동의 논리에 기인한다고 할 수 있다. 이는 과거의 도시와 건축에 오랫동안 내재하여 왔던 사회, 문화, 전통, 역사, 인습, 풍토 등과 아무런 관계를 갖지 않을 뿐만 아니라, 또한 건물이나 도시가 처해 있는 주변의 환경과도 그 어떤 관계를 갖지 않는 자율성, 객관성, 보편성의 추구라는 모던운동의 원리에 의한 당연한 결과로 볼 수 있다.

즉 모던의 원리에 의할 때, 설정된 원리가 합리적인 것이라면 그것은 곧 보편적이 되고 따라서 그러한 원리의 적용은 주어진 상황에 관계없이 그대로 적용될 수 없다는 논리의 경직성을 표출함으로써 오랫동안 유지되어 왔던 숙명적 관계의 상징인 지역성 및 장소성을 외면하였던 것이다.[13]

그런데 우리가 흔히 사용하고 있는 발전 또는 진보라고 하는 말은 객관적이고 보편적인 성격을 띠는 어떤 것이다. 이러한 관점은 실증적 합리 또는 도구적 합리라고 부를 수 있는 것으로서 Max Weber가 말하는 Zweckrationality와 일치하는 것이나, 그가 또한 말하는 문화적 또는 상대적 합리, 즉 Wertrationality와는 일치하지 않는 것이다. 문화나 가치 그리고 의미나 상징에 관계되는 한, 진보라고 하는 개념은 이러한 관점과는 전혀 무관한 것이다. 그것은 문화적 상대주의 또는 문화주의에 의해 설명되어지고 예시되어지는 것이기 때문이다.

이런 맥락에서 볼 때, 모던으로 야기된 지역성 및 문화적 아이덴티티의 상실은 도구적 또는 실증적 합리를 상대적 또는 문화적 합리보다 더 중시해온 데에 있다. 이러한 경향은 도시계획에 있어 소위 기능주의에 의해 예시되어져 왔다. 진보적이고, 좋고, 심지어는 아름다운 것이라고 생각되어졌던 것은 실상 도구적, 목적 지향적 합리성의 면에서 가장 손쉽게 다루어질 수 있었던 것에 지나지 않는 것이었다. 건축가 Paul Chemetov의 말처럼, 외견상 참다운 기능주의로부터 생겨난 건축적 스타일도 실제로는 바로 형태적 편견을 표현하였던 것이다. 즉 단순하게, 길게, 하얗게, 그리고 납작하게 할 것이라는 선입견을 표현하였던 것에 지나지 않는 것이었다. 참으로 그러한 편견은 기술적 기능주의를 넘어 근대운동의 목적 지향적 합리성의 두드러짐을 보여주고 있는 것이다. 즉 일반적으로 감각성 또는 복잡성과 같은 목

---

13) 이 점을 통렬히 인식한 작가 Gertrude Stein은 "거기에 갔으나 거기에는 거기가 없다(When you get there, there is no there, there)"라고 말함으로써 지역성 및 장소성의 상실을 한탄하였던 것이다. 이 말은 여기나 거기나 아무런 차이가 없다는 뜻으로 근대운동으로 야기된 지역적 특색 및 문화적 아이덴티티의 상실을 지적하는 말이다.

적이라는 면에서 쉽사리 정의되어질 수 없는 그 모든 것은 쓸모없는 것으로 되어져 왔을 뿐만 아니라, 시대에 뒤진 나쁜 그리고 추한 것으로 여겨 단순히 제거되어져 왔던 것이다.

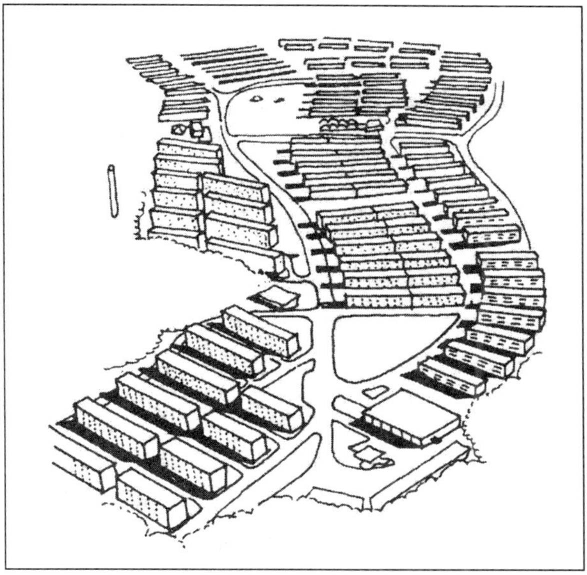

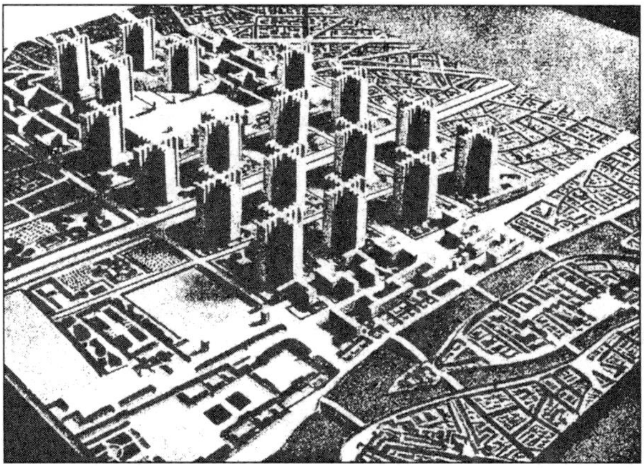

〈그림 4-3〉 모던의 자율성 원리에 의한 건물의 나열

모던에서의 도구적 및 실증적 합리의 이 같은 두드러짐은 객관적이고도 동시에 주관적인 환경과의 양면적 관계를 철저하게 파악할 수도 그리고 관리할 수도 없게 만들었던 것이다. 이러한 양면적 관계에서 객체(즉 환경)는 그 자체로 고립해서 존재할 수 없다. 왜냐하면 그것은 주체(즉 주민)와 관련하여서만 존재하기 때문이다. 그리고 가역적으로 주체 없이는 그 어떤 환경도 그리고 환경 없이는 그 어떤 주체도 존재하지 않는다. 그러나 도구적 합리에서 환경은 그 자체로 실체여야 한다. 그렇지 않다면 아무것도 아니어야 한다. 이에 따라 주체 역시 실체이어야만 한다. 따라서 이러한 것은 양면관계를 적절하게 전혀 다룰 수 없는 합리성인 것이다. 그 결과 물리적인 면이 아니고서는 환경을 만족스럽게 관리할 수 없게 되었다. 전통적인 도시경관과 비교하여 볼 때, 근대도시경관의 추함은 또는 아이덴티티의 결여는 바로 이러한 이유이다.

우리는 여기서 진정한 합리란 주어진 컨텍스트에 잘 맞게 하는 적당함 이외는 아무것도 아니라는 것을 알 수 있다. 따라서 도시의 지역성과 문화적 아이덴티티를 회복하기 위해서는 이러한 양면관계의 존중과 이해가 우선적으로 요구된다. 그런 다음에 이러한 근거 위에서 도시가 처해 있는 상황적 적응에 의해 도시의 가능성 내지는 잠재성을 개발해내는 일일 것이다. 결국 '無에서의 創造(creation ex nihilo)'를 하고자 했던 모던은 이성적이고도 감성적인 복합체로서의 우리의 삶, 그리고 주관적이고도 객관적인 실체로서의 환경과의 관계를 적절하게 수용할 수 없는 비현실적인 것이라고 할 수 있다.

3. 건축 형태에서 의미의 혼란

모던의 객관성, 보편성, 그리고 생산성의 추구는 필연적으로 형태보다는 기 모던의 능을 우선하게 됨으로써 곧바로 건축 형태의 상실 또는 그 의미의 혼란을 야기하였다. 교리라고 할 수 있는 '형태는 기능을 따른다'라는 말에서 알 수 있듯이 형태는 기능에 종속됨으로써, 이제 형태는 단지 기능(즉 기능을 나타내는 공간)을 감싸는 껍데기에 지나지 않게 되었다. 그러나 우리가 도시를 이해하고 이용함에 있어 건물 형태의 직관적인 기능적 특질뿐만 아니라 상징적인 표현적 특질 두 가지 모두가 우리가 도시를 이해하고 이용함에 있어 의미의 중요한 근원이 된다는 것을 인식해야 할 것이다. 그런데 본질적으로 상징은 반드시 형태의 기능적 표현 특질에서가 아니라 오히려 그러한 형태를 만드는 사회에서 생겨난다.

그러므로 의미의 근원으로서의 상징은 사회 일원으로써 우리가 하는 모든 커뮤니케이션의 한 형태가 되는 것이다. 몸짓, 의복, 건축 등과 같은 우리가 만드는 이 모든 것은, 이것과 관련된 생각들을 나타내는 언어로 작용한다.[14] Arnheim이 "건물의 설계가 인습적인 의미를 전달하는 형태를 사용할 때 상징은 작용하기 시작한다"라고 말한 것은 바로 이러한 맥락에서이다. 따라서 형태는 그것과 관련된 기능을 나타낼 뿐만 아니라, 생각과 가치로 인한 그 어떤 표현이기도 한 것이다.

---

14) 모든 인간의 활동과 구조 등은 여러 가지 면에서 언어와 유사한 커뮤니케이션의 형태로 작용한다는 이러한 개념은 부분적으로 인류학자 Claude Levi-Strauss와 언어학자 Ferdinand de Saussure의 연구에 근거를 두고 있다. Levi-Strauss가 논증한 것은 친척 관계, 신화, 그리고 동물숭배사상 같은 기본적인 문화현상은 그 구성에 있어 사람들 간의 관계를 이해할 수 있게 하기 위한 언어와 유사하다는 것이다. 문화현상의 이러한 구조적 특질에 관한 그의 가장 중요한 연구는 그의 책 〈The Savage Mind〉에 나타난다. 그의 연구는 소위 구조주의의 기본을 이루고 있다.
Levi-Strauss의 이론이 크게 의거하는 Ferdinand de Saussure의 중요한 기여(즉 Saussure의 책 〈Cours de Linguistic General〉)는 다음과 같은 사실에 관계된다. 즉 의미하는 단어(signifiant)와 의미된 사물(signifie) 간에는 차이가 있다는 것과 이들 간의 관계는 사회적으로 결정되고 따라서 본질적으로 임의적이라는 것이다. 좀 더 최근의 인공물의 분석에 이러한 원리의 적용은 기호학 또는 기호론으로 알려져 있다. 본질적으로 이것은 문화에 있어 모든 물체는 의미가 주어진다는 사실에 결부된다. 사진, 영화, 의복, 건축 등은 사실상 명문화되지 않은, 그리고 학습되지 않은 복잡한 코드에 따라 작용하는 커뮤니케이션의 형태이다.

그러므로 이러한 의미론적 특질이 무시되면 그 결과는 종종 혼란스럽게 된다. 즉 도시는 추상적이 되며, 그 도시를 이용하는 사람들에게 잘 맞지 않게 된다. 그리하여 표지나 숫자, 지도 등이 점차 중요한 설명 수단이 되는데, 그 이유는 형태가 더 이상 그 의미를 말하지 않거나, 그리고 그것이 말하는 것을 의미하지 않기 때문이다.

모던에서의 기능주의적 형태는 비록 그것이 사무소 건물과 공장 같은 새로운 기능의 출현과 관련이 있기는 하지만, 결과적으로는 곧 건물 형태의 의미론적 혼란의 근원이 되었다. 즉 모든 건물에 이러한 기능주의적 미학이 적용되면서, 도시환경을 읽음에 있어 정보의 중요한 근원으로서의 유형론 개념은 혼란스러워졌으며 마침내 사라졌다. 이제 더 이상 우리는 건물이 병원인지 사무소인지 아니면 주거건물인지

〈그림 4-4〉 교회가 연상되는 개인주택, 프랑스

판단할 수 없게 되었다. 이는 상황은 다르지만, 모던의 등장 직전 우왕좌왕하던 건축가들이 무분별하게 고전양식을 모든 건물에 가져다 사용했던 평가 절하된 19세기 말의 혼란스러움과 유사한 의미론적 코드이다. 이제 사람들은 교회나 은행, 극장 등을 구별할 수 없게 되었기 때문에 이후 그러한 구별을 하는 것은 보편적으로 무의미하게 되었다.

언어처럼 새로운 생각, 가치, 그리고 기능은 우리가 사용하는 형태 속에서 부단히 변화하지만, 일반대중들이 의미 있는 것으로 인지할 수 있는 형태를 지어야만 한다면, 건축가는 주어진 상황 속에서 기존의 관계체계를 어느 정도 인정해야만 한다는 것은 점차 분명한 듯하다. 결국 인공 환경은 일차적으로 사람들에게 그 어떤 인상을 주는 곳이라기보다 그들의 일상적인 삶을 영위할 수 있는 컨텍스트가 되도록 하여야 할 것이다.

4. 상대적 관계로서의 척도감 상실

앞에서 이미 부분적으로 언급이 되었지만, 모던의 자율성 원리는 상대적 관계로서의 척도감(sense of scale)을 상실하게 하였다. 아파트 단지의 예를 다시 든다면, 기술적으로 가능하고 또 그것이 경제성이 있는 것이라면 건물의 규모(즉 길이, 폭, 높이)에는 그 어떤 한계가 있을 수 없으며, 따라서 그로 인하여 생겨나는 외부 공간(또는 도시 공간)은 주어진 원리(즉 관련 제법규)에 의하여 비례적으로 아무런 제약 없이 커질 수 있다. 그렇지만 거기에는 아무런 논리적 하자가 있을 수 없게 된다. 바로 이 점이 모던의 원리에 내재해 있는 모순 내지는 함정이 있는 것이다. 그리하여 과거 중세도시 크기만한 건물 블록에 하나의 건물이 들어서는 결과를 낳았으며, 도시 공간 역시 그 크기와 모양을 알 수 없는 공허한 오픈스페이스가 되었던 것이다. Leon Krier는 이러한 변화를 도시에서의 빌딩 블록 크기의 변화의 비교를 통하여 잘 보여주고 있다(그림 4-6 참조).

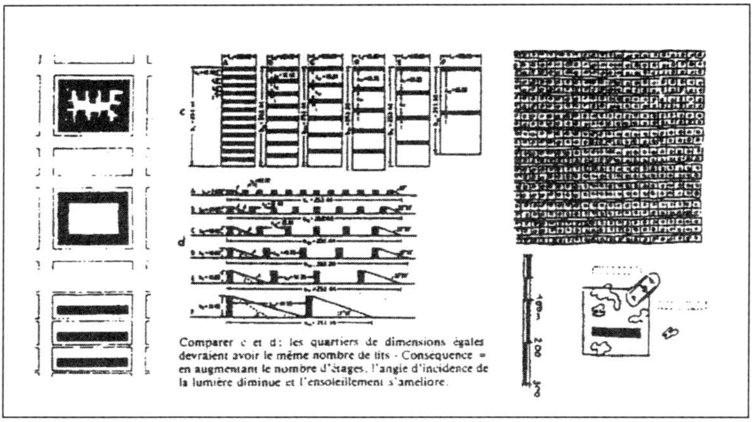

〈그림 4-5〉 건물 블록에서 막대기로의 변화 과정(왼쪽 그림)과 건물이 인동간격에 따라 비례적으로 커지는 관계(가운데 그림), 그리고 주거 단위의 이론적 배경을 나타내는 개념도(오른쪽 그림)

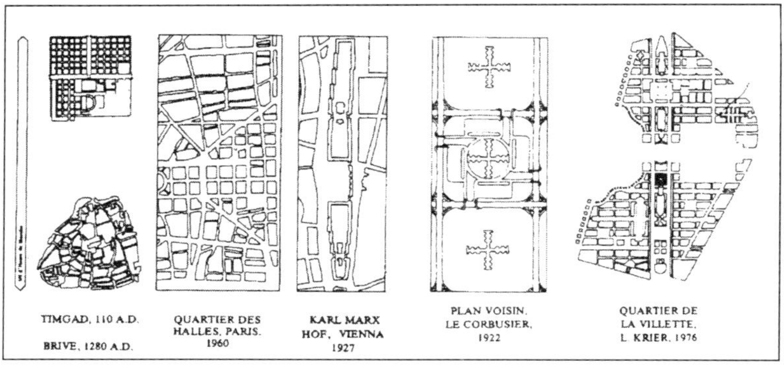

〈그림 4-6〉 건물 블록의 변화 과정과 그 크기 비교 : Le Corbusier가 계획한 건물 블록의 크기(오른쪽에서 두 번째 그림)는 과거 중세도시(맨 왼쪽 아래 그림) 크기만 하다

우리는 여기서 상대적 관계로서 척도감의 중요성을 이해해야 할 것이다. 척도감이란 크고 작음 또는 지나침과 모자람을 가늠할 수 있는 감각으로, 주어진 상황에서의 상대적 적당함 또는 균형감을 유지하는 데 필요한 감각이다. 이는 '중용(中庸)의 도(道)'와 일맥상통하는 개념이다. 예컨대 피타고라스학파의 사람들은 "악(惡)은 한계가 없는 영역

에 속하고 선(善)은 한계가 정해지는 영역에 속한다"고 가르쳤다. 아리스토텔레스는 이러한 진리를 모든 분야, 즉 철학, 윤리학뿐만 아니라 정치학과 문화의 기초로 삼았다. 그는 "식물, 동물, 도구 등의 모든 경우가 다 그러하듯이 도시의 경우에도 역시 그 크기에는 한계가 있게 마련이다. 왜냐하면 그러한 것들이 너무 크거나 작으면 그 땐 그것의 고유한 성질을 상실하거나 손상되어 그 어느 것도 원래의 힘을 유지할 수 없기 때문이다"라고 그의 저서 〈정치학〉에서 말했다.

예컨대 몸체의 크기가 지나치게 큰 인간은 그로 인해 자기 자신을 구속하게 될 것이고 마침내는 이 지구상에서 살 수가 없게 될 것이며, 장갑의 모양을 하였으나 그 무게가 수십 킬로그램이 된다면 진정한 의미의 장갑이 될 수 없으며, 컵의 모양을 하였으나 그 크기가 양동이만 하다면 그것 이미 컵으로서의 기능을 수행할 수 없을 것이다. 따라서 지나치지도 또 모자라지도 않은 정상적인 크기를 정의하기 위해서는 한계(즉 최대치와 최소치)가 정의되어져야 할 것이다.

도시의 문화적, 물질적 부(富)라는 것은 절대적인 총량을 의미하는 것이 아니라 도시민과 그 도시의 영역 간의 정당하고 조화로운 관계, 즉 정당하고 조화로운 분배를 의미하는 것이다라는 것은 역사적 사실에 의해 확인되고 있는 바, 이는 바로 도시의 적정 크기의 중요성을 지적하고 있음을 알 수 있다.

우리는 여기서 비례(proportion)의 절대적 내적 관계와 척도(scale)의 상대적 관계의 차이를 이해해야 할 것이다. 즉 척도가 배제된 비례는 그 의미나 정당성을 가질 수 없게 된다는 것이다. 예컨대 하나의 문은 비례관계가 변함이 없이 커지거나 줄어들 수 있지만, 거기에 사람이라는 주체가 개입이 되면 그 문의 크기가 적당한지 너무 큰지 아니면 너무 작은지를 알 수 있게 된다. 따라서 척도감이란 주체와의 정당한 관계를 파악하는데 매우 중요한 것이다.[15] 그러므로 '올바른

15) 상대적 관계로서의 척도에 대한 연구는 Philippe Boudon이 그의 저서 〈Sur l'Espace Architecturale〉에서 심도 있게 다루고 있다. 그는 여기서 그가 만든 용어인 건축학(architecturologie)의 학문적 대상은 바로 상대

〈그림 4-7〉 상대적 관계로서의 척도감을 보여주는 그림

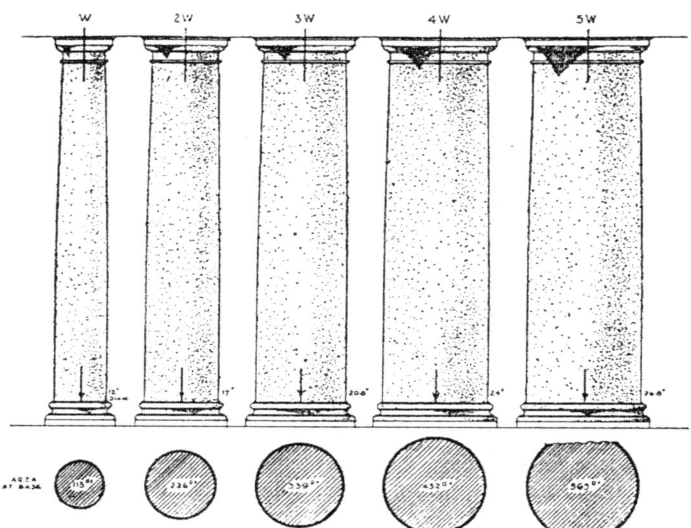

〈그림 4-8〉 하중의 변화에 따른 기둥 단면적의 변화

적 관계의 표현으로서의 척도(scale)임을 밝히고자 하였다.

형태는 오직 올바른 척도 속에서만 존재한다'는 것과, 이에 따른 한계치 및 정상치에 대한 재인식이 요구된다.

또한 그 어떤 생물이나 건물의 비례적 단순 확대는 그 내적 기계적 성능이 그것의 존재를 허용하지 않는다는 사실을 주목한다면, 더욱더 상대적 관계로써 척도의 중요성을 알 수 있다. 예컨대 새를 비례적으로 두 배 확대했을 때, 그 무게는 8배가 되었음에도 불구하고 날개의 면적은 4배가 되므로 원래의 조건과 같지 않아 날 수가 없으며, 건물을 비례적으로 두 배 확대할 경우에는 상부하중은 8배가 되는데 비해 기둥의 단면적은 4배가 되어 역시 같은 이유로 존재할 수 없게 된다. 그러므로 정상적인 크기의 한계는 분명히 존재하게 마련이다.

그러나 단순히 실증적 합리에 의거한 모던운동의 자율성의 원리는 상대적 관계로서의 척도감을 배제함으로써 주어진 상황 및 전체 구성 속에서의 주체와의 정당한 관계를 상실한 거대한 건물 및 공허한 공간이 끝없이 나열되게 하였던 것이다. 이 점에 있어 Leon Krier의 비유는 시사하는 바가 크다. 그의 비유에 의하면, 하나의 가족이 성장한다 함은(즉 대가족이라 함은) 부부가 아이를 낳아 가족 수가 늘어난다는 것을 의미하는 것이지 부부의 몸체가 기형적으로 커진다는 것을 의미하는 것이 아닌 것처럼, 대도시란 다수의 적정한 크기의 도시집합체이어야지 괴물 같은 거대한 도시가 되는 것은 아니라는 것이다.[16)]

결국 모던은 상대적 관계로서의 척도감이 배제됨으로써, 관계의 주체로서의 '우리' 그리고 도시에서의 '우리의 일상적인 삶'이 정당하게 관계를 맺지 못하는 거대하고 공허한 도시가 되게 하였던 것이다.

5. 일원적 가치의 지배

모던의 결과로 나타난 도시환경의 문제는 획일성에 의한 메마름이

---

16) 이러한 생각은 그가 말하는 '도시 내의 도시(the city within the city)'로서의 urban quarter의 개념이다.

라고 할 수 있는데, 이를 다른 말로 표현한다면 오직 하나의 가치만이 허용되기 때문에 생기는 현상으로 볼 수 있다. 바로 모던운동이 구시대의 불합리한 구속 내지는 모순을 극복하기 위한 자율성에 그 논리적 근거를 두고 있기는 하나 현실적으로 그것의 적용은 앞에서 이미 살펴본 바와 같이 주어진 상황에서의 관계의 외면으로 인한 지역성의 상실, 구성요소로서의 도시공간의 상실, 그리고 상대적 관계로서의 척도감의 상실을 가져왔을 뿐만 아니라, 목적 지향적인 프로젝트화 됨으로써 하나의 가치가 지배하게 되는 결과를 초래하게 되었던 것이다. 즉 프로젝트는 그 속성상 주어진 목적에 가장 효과적인 것(즉 시간과 노력의 최소화)만이 존재하게 되고 그렇지 못한 것들은 즉시 도태됨으로써 다양성이 존재할 수 없는 일원적 가치가 지배하게 된다.

이러한 예는 특히 컴퓨터나 전자제품의 변화과정에서 잘 알 수 있다. 보다 성능이 좋고 효율적인 새로운 제품이 등장하면 이전의 제품들을 순식간에 도태됨으로써 거기에는 지속력 있는 그 어떤 모양이나 그 구성요소는 존재할 수 없게 된다. 왜냐하면 설정된 목적이나 목표를 보다 효율적으로 수행할 수 있다면 기존 제품의 구성 부품은 그 기능의 우열에 따라 얼마든지 제거, 대체 및 합성, 또는 새로운 부품의 도입이 가능하고 제품의 크기와 모양 역시 매우 가변적일 수 있기 때문이다. 이는 바로 하나의 가치 기준, 목적 지향적 선형적 논리라고 하는 프로젝트의 내재적 속성에 기인하는 것이다.

그런데 언어나 음악에 있어서의 구성요소인 어휘 및 음표는 그것으로 구성되는 이야기나 음악 속에서의 역할 내지는 상대적 관계로 그 가치나 기여도가 평가되어지는 것이므로, 거기에 쓰이는 구성요소인 어휘 및 음표 그 자체는 서로 우열이나 선악을 결코 논할 수 있는 것이 아니라는 점을 주목한다면 프로젝트의 획일화에 의한 메마름을 이해할 수 있을 것이다.

모던은 그 논리의 엄격함 및 순수함에도 불구하고 오랫동안 사람들의 삶 속에 내재해 있는 매우 복잡하고 다양한 관계 및 현실적인 제 상황과 유리된 논리에 지나지 않았던 것이다. 기실 우리의 삶은 분석적일 수 없는 총체적 실체로서 파악되어야 할 것이며, 따라서 이분법적 논리에 의해 판단되어질 수 있는 것이 아니며 오직 삶에 대한 깊은 이해만을 허용할 뿐이다.

특히 목적 지향적인 프로젝트의 선형적 속성은 그 체계에 있어 나무체계(tree system)를 취하게 되는데, 그 이유는 나무체계는 목적으로의 접근에 있어 방향성과 위계가 뚜렷하여 매우 효과적이기 때문이다. 그러나 이러한 구조는 〈그림 4-10〉에서 보는 바와 같이 한 지점에서 다른 지점으로 가는 경우의 수가 오직 하나라는 데에 문제가 있다. 즉 나무체계에서의 움직임은 자유로운 선택이 허용되지 않는 강요된 움직임(forced movement)이기 때문에 도시성(urbanity)의 가장 중요한 특질 중의 하나인 다양한 선택의 기회를 배제하고 있는 것이다.

이 점을 인식한 Christopher Alexander는 '자연적인 도시'에서는 거의 망(網)에 가까운 도시구조의 형태를 취하고 있는 반면에, '인위적인 도시'는 나무구조의 형태를 취하고 있다는 것을 지적하면서, 비록 나무구조는 명료함, 질서, 그리고 통제를 위한 계획가의 바램을 만족시켜주기는 하지만 구조적 복잡성의 결여는 도시에 대한 우리의 개념을 무기력하게 만든다고 하였다. 결국 나무구조는 오늘날의 사회의 기능방식에 부적당한 구조에 지나지 않는다는 것이다. 그리하여 마침내 "도시는 나무가 아니라 망(網)과 같은 것이다(A city is not tree but semi-lattice)"라고 하면서 "도시는 나무이다"라고 한 자신의 종래의 생각을 바꾸었던 것이다. 즉 나무체계에서는 공적영역에 관련된 일련의 활동을 대단히 축소시키면서 도시를 분화된 하나의 용도지역으로 분리시키는 경향이 있다는 것이 Alexander의 주장이다. 그가 예를 든 신문 가판대 등과 같은 것에 관련된 활동들은 다양한 접근이라는 가로의 기본적인 역할에 의존하기 때문에 생기는 경우이다. 그러한 부차적인 활동을 일으키고 그러한 여건을 조성하는 것은 바로 경로의 겹침과 교차인 것이다.

이러한 현상은 인류학자 Alfred Kroeber가 지적하는 유기적 종(種)들의 계통수와 기술적, 문화적 계통수 간의 차이에서도 잘 알 수 있다(그림 4-11 참조). 결국 도시에 대한 접근은 인간의 역할과 인간의 삶이 개입되기 때문에 설계나 계획 과정을 과학적으로 만들려는 그 어떤 시도에 의해서가 아니라 설계나 계획의 산물을 과학적 연구에 종속시킴으로써 해명될 수 있는 것이다. 요컨대 Alfred Kroeber의 계통수의 비교에서 볼 수 있는 문화적 진화의 특징인 조합적(組合的) 및 수렴적(收斂的) 측면의 이해에서 도시에 대한 올바른 접근을 모색할 수 있는 것이다.

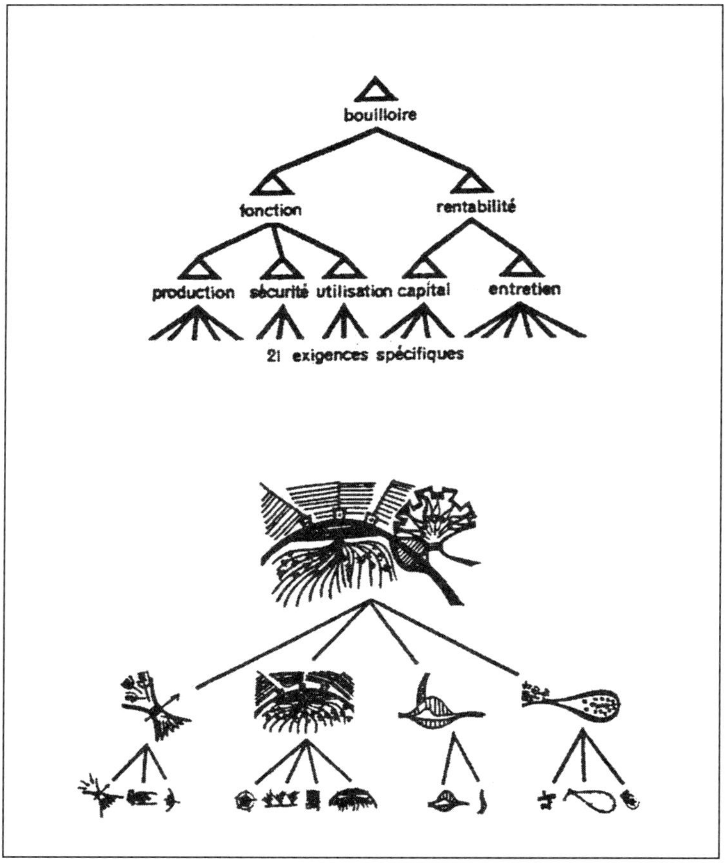

〈그림 4-9〉 C. Alexander의 나무구조로서의 도시에 대한 개념도

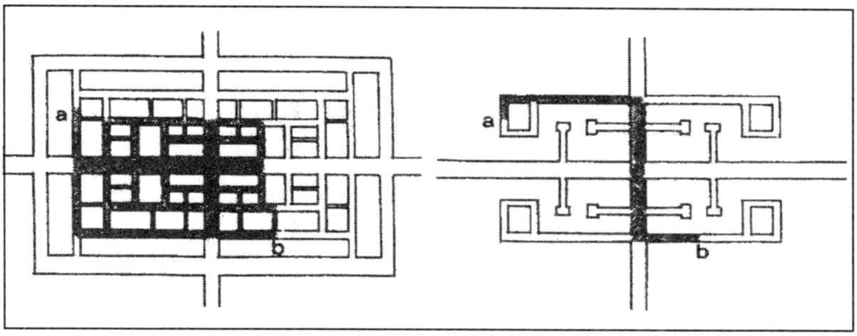

〈그림 4-10〉 망구조와 나무구조의 차이점
a에서 b로 가는 경우 망구조(왼쪽 그림)에서는 경우의 수가 무수히 많음에 비해 나무구조(오른쪽 그림)에서는 오직 한 가지 경우만이 있을 뿐이다

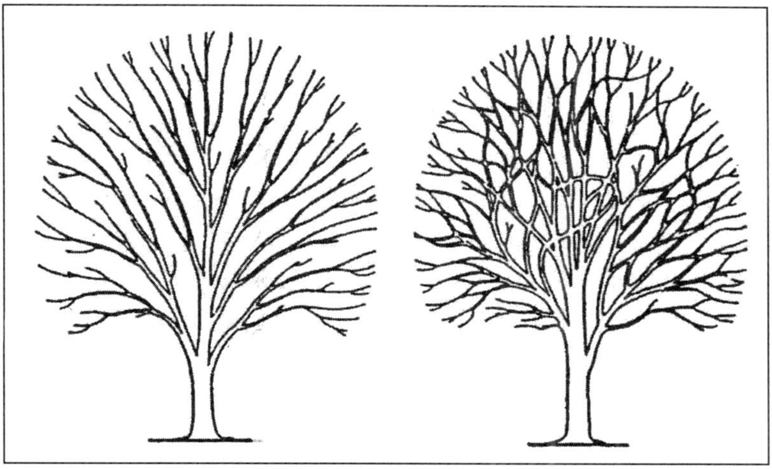

〈그림 4-11〉 유기적 종들의 계통수(왼쪽 그림)와 기술적, 문화적 계통수 간(오른쪽 그림)의 차이 비교

V. 포스트모던의 대두 배경과 그 영향

1. 결정주의의 한계 인식 : 예측과 통제에서 이해로

건축 비평가 Charles Jencks는 "1972년 7월 15일 15시 32분을 기하여 근대건축은 그 운명을 다하였다"라고 말하였는데, 이는 미국의 세인트루이스에 있는 Pruitt-Igoe 주거단지의 비극적인 폭파사건을 두고 하는 말이었다. Pruitt-Igoe 주거단지는 가장 진보된 모던의 이론에 의해 계획 및 설계되어진 국제현상설계의 당선안(설계자는 일본 건축가 미노루 야마시키였음)을 실현시킨 주거 단지로 여러 건축 잡지에서 극구 칭찬을 했던 프로젝트였지만, 불행하게도 여러 가지 매우 부정적인 문제를 야기 시킴으로써 실현된 지 얼마 안 되어서 마침내 상기의 날짜에 폭파되는 운명을 맞이하게 되었던 것이다.[17]

그 원인에 대한 이후의 연구는 주민들의 욕구, 취향 및 생활양식에 대한 진지하고도 충분한 이해가 부족했음을 보여주었다. 이러한 비극적 사건의 근저에는 모던이 지향했던 프로젝트로서의 유토피아와 프

---

17) Pruit-Igoe 주거단지는 저소득층을 위한 아파트 단지로 평균 11층 33동으로 된 11,000명을 수용하고자 했던 프로젝트였다. 1950년대 이 계획은 미국 공공주택의 우수한 본보기의 하나로 건축 잡지에서 극구 칭찬되었던 것이었다. 그러나 당시로서는 여러 가지 참신한 배치계획에도 불구하고 건물들 사이의 공간은 황폐해지고 갤러리는 우범 장소가 되고 말았다. 그러한 문제점을 개선할 목적으로 두 번째 건축회사와 계약을 하였으나 그럼에도 불구하고 많은 건물들이 버려지고 범죄와 만행이 판을 치게 되었다. 결국 1972년 이 주거단지의 상당 부분이 건축주와 주택도시개발성에 의해 폭파되었다.

로젝트의 내재적 속성과 관련이 있다. 즉 거주민과 환경 간의 관계를 직접적인 인과관계로 보는 소위 건축적 결정주의(architectural determinism)를 고지식하게 투영시키려고 하였기 때문이다. 다시 말하면 물리적 환경의 질을 개선하면 주민들의 생활의 질도 개선된다는 것이다.

이에 따라 불량주택지구 및 도심지 재개발사업이 많이 일어났으나, 그 결과는 상기의 예에서 극명하게 나타났듯이 유감스럽게도 많은 심각한 문제점을 야기하였다. 즉 사람들의 일상적인 삶 속에 내재하는 여러 가지의 관계는 그 내용이나 양상이 매우 복잡하여 건축적 결정주의의 직접적인 인과관계로 설명하고 예측 및 통제하려고 하는 접근방식으로는 필연적으로 그 어떤 심각한 오류를 범할 수밖에 없는 것이다.

그리하여 이후 주민 또는 이용자의 행태(user behaviour) 및 이용자의 욕구(user needs)를 반영하고자 하는 환경 및 사회심리학적 접근이 대두되었고, 그에 따른 다양한 조사관찰의 기법에 의거하여 거주환경의 계획 및 설계에 상당한 기여를 하기도 하였다. 이러한 맥락에서 모던의 문제점을 극복하고자 하는 접근방법이 모색되었는데, 그 중에서 특히 Oscar Newman의 연구는 매우 주목할 만하다. 그는 모던의 논리에 의한 무차별화된 외부 공간과는 달리 거주지의 외부 공간이 영역적으로 위계를 갖는 구성이 이루어질 때, 주민들의 소속감과 질서감을 유발시켜 결과적으로 범죄예방에 매우 효과적임을 그의 저서 〈Defensible Space〉에서 보여주고 있다.[18] 또한 Jane Jacobs는 그녀의 저서 〈The Death and Life of Great American Cities〉에서, 모던의 논리에 의해 기능적으로 분리된 근대도시에서의 삭막함에 비하여, 여러 가지 기능들이 혼재해 있는 구시가지나 구도심지에서의 활기나 다양성, 주민들 간의 연대의식, 그리고 그로 인한 범죄예방효과를 '다양성의 신화(the myth of diversity)'라고 하는 표현으로 강조하고 있다.

---

18) 그는 외부공간을 공적(public), 준공적(semi-public), 준사적(semi-private), 사적(private)으로 위계화함으로써 주민들의 장소적 반응과 소속감 또는 연대의식을 유발하여 범죄예방의 효과를 얻을 수 있음을 밝혔다.

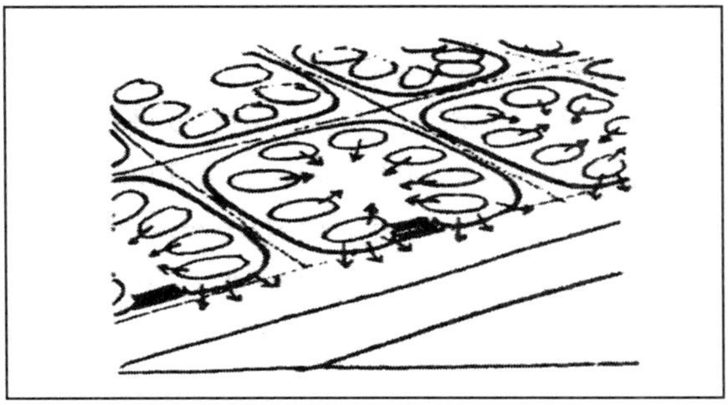

〈그림 5-1〉 경계의 기회(화살표)로 강화된 영역의 정의를 나타내는 그림

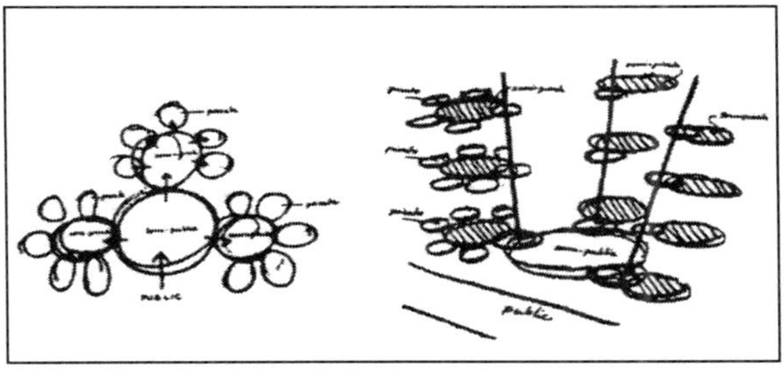

〈그림 5-2〉 공적공간에서 사적공간에 이르는 외부공간의 영역적 위계를 나타내는 Oscar Newman의 Defensible space의 개념도

따라서 예측과 통제라는 모던의 프로젝트의 개념에서 벗어나 삶에 대한 철저한 관찰과 깊은 이해가 요구된다.

2. 생태학적 관점의 대두 : 적응과 공존의 재인식

CIAM과 아테네헌장을 통하여 모던의 논리가 정립되자 근대건축가들은 모던의 논리에 의해 도시 전체를 건설하고자 하였다. 그리하여 개발과 발전이라는 명분과 함께 짧은 기간에 급격하고도 무자비한 건설이 이루어졌다. 그 결과 지난 반세기도 채 되지 않은 기간에 우리는 과거 수 천 년 동안에 걸쳐 이룩해 놓은 양만큼의 건설을 하였던 것이다. 이러한 양적 문제에 대한 집착은 그 어떤 한계가 없는 막대기와 탑의 모양을 한 건물을 나열하였고, 중심이나 척추를 갖지 못한 광대한 교외지역을 확장시켰으며, 정신이나 성격이 없는 도시를 건설하였던 것이다.

그러나 1973년 에너지 위기를 맞게 되자 기술적 발달과 그 맥을 같이 하면서 끝없이 발전할 것 같았던 근대도시와 건축은 그러한 외적 상황의 변화에 매우 취약하다는 것을 알게 되었다. 즉 그러한 도시와 건축은 에너지 의존도가 너무 높고 또 에너지 소모가 너무 많다는 취약성이 드러난 것이다. 한여름과 한겨울 내내 냉난방을 하지 않고서는 견딜 수 없는 온통 유리로 감싸여 있는 대형건물, 엘리베이터 없이는 생각할 수도 없는 초고층건물, 자동차나 대중교통수단에 의지하지 않고서는 꼼짝도 할 수 없는 거대도시에서 단 며칠만이라도 전기나 석유 및 가스 등의 에너지 공급이 중단된다면 그로 인한 끔찍한 혼란은 어렵지 않게 상상할 수 있다.[19]

따라서 검증되지 않은 논리에 의한 최선의 그 어떤 것이 아닌 오랜 기간에 걸쳐 인정된 가장 덜 위험한 것 또는 가장 적응력인 있는 것이 매우 중요한 가치를 지니게 됨을 인식하여야 할 것이다.[20] 특히 어느 경우에도 사람은 실험의 대상이 될 수는 없다. 그러나 모던의 건축가들은 검증되지 않은 논리에 의한 건축과 도시를 건설함으로써 결과적으로 사람들을 위험한 실험의 대상이 되게 하였다는 윤리적인 문제가 제기될 수 있는 것이다.

그리하여 이제 자연은 우리가 일방적으로 이용하여야 할 대상이 아니라 우리와 함께 공존하여야 할 파트너로서의 인식과 함께(즉 身土不二) 다른 한편으로는 전근대도시와 토속 및 전통건축에서 볼 수 있는

---

19) 그리하여 70년대에 대체에너지의 개발, 태양열을 이용한 난방방식, 그리고 지하공간의 이용에 대한 연구가 활발히 이루어졌다.

20) 이 점에 있어 민주주의는 최선의 정치제도가 아니라 이제까지 인류가 경험한 정치제도 중 가장 덜 위험한 제도라는 것을 잊지 말아야 할 것이다.

주어진 환경에 대한 적응성에 대한 관심 및 옛 사람들의 지혜를 재인식하게 되었다(즉 溫故知新). 비록 토속적이라는 말이 투박하고 촌스럽게 들릴지는 모르나, 재료를 알뜰하게 써야만 했던 매우 엄격한 조건 하에서 최소한의 안식처라는 보편적인 기풍으로 이해한다면, 토속적이라는 말의 본질적인 의미는 솔직하고 매우 근검하며 효율적이고 경제적이며, 따라서 지속성과 즐거움을 나타내는 것이라 하겠다.

이러한 태도의 변화는 또한 사회인식의 변화를 가져왔다. 즉 그것은 과거와의 단절과 함께 오로지 새로움의 추구라는 모던의 논리에 의해 외면당했던 고유의 뿌리 회복과 지나간 역사와의 연결을 꾀하고자 하는 열망에 부응하는 것이었다. 그리하여 이제 발전과 진보라는 모던의 개념은 자연(넓게는 우리가 사는 지구)과 인간, 그리고 개인과 사회 간에는 상호의존성이 있다는 유기적이고도 생태학적 개념으로 바뀌었으며, 자연에 대한 책임 그리고 인간 상호간의 교류와 어울림에 대한 의미의 재인식이 이루어지기 시작하였다.

그러므로 E. F. Schumacher와 Theodore Roszak 같은 사람들은 미래에 대한 청사진에는 필히 관계의 정도와 결합력의 정도에 대한 스케일의 재검토와 재조정이 수반되어야 한다는 것을 염두에 두고 있었다. 그것은 Roszak의 표현에 의하면, 앞으로의 모든 공공시설은 "스케일을 줄이고, 속도를 낮추고, 분산화 되어야 하며, 그리고 민주화되어야 할 것"이 요구되어진다는 것이다. 그 이유는 바로 이것이 외적 변화에 대한 위험성을 줄이고 적응력을 높이는 매우 효과적인 수단이 되기 때문이다.

3. 상대적 가치의 대두 : 획일화에서 다양화로

산업사회인 근대사회에서 정보화 사회 또는 후기산업사회라고 불리는 포스트모던 사회로의 전환기에 있는 우리는 이제 우리사회에서 나타나고 있는 외면할 수 없는 일련의 변화와 그 의미에 주목해야 할 것이다. 예컨대 획일적이고도 경직된 제도의 붕괴, 이념(ideology)의 와해, 가치관의 변화 등이 그것이다. 건축과 도시에서의 이러한 일련의 변화는 모던운동에 대한 반발이라고 할 수 있는, 소위 포스트모던 운동으로 나타나고 있는데, 이는 모던의 지배적인 개념인 실증적 합리, 경제성(즉 생산성) 그리고 기능성 등으로 인하여 배제되었던 다양한 지역적 문화적 아이덴티티의 회복 및 우리들의 일상적인 삶 속에 내재해 있는 외면할 수 없는 복잡하고 다양한 감정적 관계의 회복 내지는 그 의의의 재인식으로 볼 수 있다.

그러나 포스트모던의 진정한 대두 배경은 소위 '68혁명이라고 불리는 프랑스에서 나타나기 시작한 새로운 사고의 등장과 밀접한 관계가 있다. 그것은 지나치게 팽창한 기능주의적 문명에 대한 깊은 반발, 그리고 단조롭고 획일적인 삶의 방식에서 벗어날 수 있는 다양한 새로운 삶의 방식의 추구와 그에 따른 새로운 거주방식에 대한 열망에 기인한다. 그것은 또한 각기 그 고유의 뿌리의 회복과 함께 지나간 역사와의 연결하고자 하는 욕구에도 기인한다.

한편 컴퓨터의 놀라운 발달은 종전과는 매우 다른 생산방식을 가져왔는데, 이러한 생산방식은 비교적 전형화된 모던의 생산방식보다는 훨씬 더 변화에 잘 적응할 수 있고 고객의 취향에 훨씬 더 잘 부합할 수 있는 방식이다. 대량 생산과 반복 생산은 부정할 수 없는 모던의 기본 원리 중 하나지만, 고객의 취향이나 욕구를 충족시킬 수 있는 다양한 스타일의 생산이 어렵다는 문제가 있었다. 그러나 이제는 상황이 달라졌다. 즉 컴퓨터를 이용한 다양한 모델의 제시와 자동생산체계 그리고 정교한 시장조사 및 예측기법에 의해 다양한 스타일과 고객의 취향에 거의 응할 수 있기 때문이다. 따라서 이러한 결과는 19세기 장인의 손기술에 의한 생산과 매우 가깝다고 할 수 있다.

또한 혁신적인 통신 및 생산수단의 발전은 화상회의나 재택근무 등으로 전통적인 주거체계를 다시 낳게 할 가능성이 매우 높아졌다. 그리하여 옛날의 마을을 연상시키는 공동체들이 옛 도시를 연상시키는 도시를 중심으로 다시 모이게 될지도 모른다. 왜냐하면 일차산업혁명으로 인하여 집으로부터 빠져나갔던 온갖 기능들이 이차산업혁명(즉 정보통신혁명)으로 인하여 다시 집으로 들어갈 수 있게 되었기 때문이다. 그리하여 포스트모던의 건축과 도시는 모던과는 다른 생활방식 및 그에 따른 거주방식을 표현하고자 하였던 것이다.

모던에서 포스트모던으로의 이러한 일련의 변화를 건축비평가 Charles Jencks는 그의 저서 〈What is Postmodernism?〉에서 다음과 같이 함축적으로 정리하고 있다. :

- 대량 생산에서 부문별 생산으로(from mass-production to segmented production)
- 중앙집권적 권위에서 분산화된 다원주의로(from centralized authority to decentralized pluralism)
- 소수 스타일에서 여러 장르로(from few styles to many genres)
- 일률적인 것에서 다양한 감성의 표출로(from consistent to kaleidoscopic sensibility)
- 배제에서 포함으로(from exclusion to inclusion)

Ⅵ. 포스트모던의 내용과 그 의미

"오로지 현재만을 생각하기 위해 과거를 외면한다는 것은 소용없는 일이다. 심지어 그것이 가능할 것이라고 생각하는 것은 위험한 환상이다. 현재와 과거의 대립은 어리석은 것이다. 미래는 우리에게 아무것도 가져오지 않으며, 아무것도 주지 않는다. ; 미래는 우리가 건설하는 것이기에 모든 것 심지어는 우리의 목숨도 바쳐야 한다. 그러나 주기 위해서는 우리는 소유해야만 한다. 그런데 우리는 과거로부터 물려받은, 그리고 우리가 삭이고 융화시키고 재창조한 소중한 그 어떤 삶, 그 어떤 것만을 소유할 뿐이다. 인간 영혼의 모든 욕구 중 과거보다 더 중요한 것은 없는 것이다."

- Simone Weil -

엄밀히 말한다면, 포스트모던에 주의(主義)는 존재하지 않는다. 다만 모던이라는 주의에 대한 반발만이 있을 뿐이다. 이제 건축가들은 자율성을 근간으로 하는 모던의 교리를 거부하고 바로크의 연계성의 원리를 다시 발견하기 시작하였다. 그리하여 더 이상 공허한 녹지공간에 고립된 건물을 세우지 않고 도시의 구성조직 속에 건물을 긴밀하게 짜 넣었다. 입면에 있어서 창은 이제 더 이상 아무렇게나 산재해 있는 것이 아니라 장식에 의해 강하게 상호 연결되어 있게 된다. 그들은 기능적인 문제에 더 이상 집착하지 않고 상징에 부단한 관심을 두었다. 그리고 일상적인 평범한 건축이 아닌 기념적 건축에 관심을 두었던 것이다.

그들은 또한 과거의 도시와 건축에 존재해 왔던 구성의 원리를 재발견하였다. 즉 전체를 이루는 모든 부분들은 상호간 매우 엄격한 법칙에 의해서 연계되어야 하는데, 그러한 법칙의 첫째는 위계이고 둘째는 한계이다. 이러한 입장은 도시적 스케일에서는 새로운 도시구성 조직의 연구로, 그리고 건축적 스케일에서는 새로운 기념성의 재발견으로 구체화되어졌다.

〈그림 6-1〉 1981년 파리에서 열린 '과거의 현존'을 주제로 한 전시회를 위한 문 (건축가 : 페르난도 몽떼)

1. 구성체로서의 도시의 재인식

모던이 과거와의 단절과 함께 '무에서의 창조'를 추구하였다면, 포스트모던은 과거의 도시에 눈을 돌렸는데, 그 이유는 도시란 단순히 설정된 기능 간의 합리적 관계의 표현만으로는 충족될 수 없는 도시의 역사와 문화 그리고 장소적 특질과 그로 인한 정서적 관계 역시 중요함을 재인식함과 동시에, 또한 과거의 도시(즉 전근대도시)에서는 우리가 결코 외면할 수 없는 그 어떤 형태적 및 구성적 특질 그리고 경관적 특질이 있음을 재발견하였기 때문이다.

그리하여 이제 포스트모던의 건축가들은 바람직한 도시의 형태와 그 구성 원리를 재발견하고 그것의 특질을 회복하고자 하였다. 왜냐하면 과거의 모범적인 도시의 예를 살펴볼 때, 그 특질은 결코 기능적인 것만을 우선하는 방식으로 이루어진 기능체가 아니라 오랜 세월을 두고 주어진 여건에 적응하면서 이루어진 집단적 삶의 표현으로써 하나의 구성체였기 때문이다. 따라서 포스트모던 건축가들은 모던에서처럼 기능체로서의 도시가 아닌 구성체로서의 도시에 주목했는데, 그 이유는 구성적 특질은 공간이 단지 실용적 및 기능적 요구에 의해 분배되는 경우에 생기는 것이 아니라 질적 요구에 의해 짜여지는 경우에 생기기 때문이다.

도시구성이란 도시에 그 어떤 형태적 질서를 부여하는 것이다. 따라서 도시의 대상물들은 모던에서처럼 나열되거나 우연적 현상에 의한 것이 아닌 조절되고 이해될 수 있는 형태가 되는 것이다. 구성의 어원(compose : put together, make with)에서 구성은 '새로운 것을 만들어내는 것이 아니라 주어진 것(즉 구성요소)을 갖고 그것들의 관계가 조화로운 전체가 되도록 짜는 것'임을 알 수 있다. 따라서 구성의 요소는 그 자체로서는 그 어떤 의미가 없으며 구성적 관계 속에서의 그 역할에 의해 그 의미와 가치가 부여된다.

건축 구성과 도시 구성은 부분과 전체를 다룬다는 점에 있어서 그 기본 원리는 같으나, 이 두 구성 간에는 시간적 리듬의 차이가 있다는 점에서 근본적인 차이가 있다. 즉 건축의 수명은 도시보다 매우 짧아 그 변화의 주기가 빠름에 비해 도시는 느리게 변한다. 따라서 건축 구성은 일정한 시간이 지나면 사라지게 되거나 또는 다른 것으로 대체될 하나의 건물 이미지의 설정이 그 목적이지만, 도시구성은 그렇게 변화하는 건축의 일련의 이미지들을 수용할 수 있는 과정을 설정하는 것이 그 목적이다. 그러므로 도시구성의 미덕은 경우에 따라서 서로 어울리지 않는 것(즉 서로 다른 이미지)들을 하나의 전체로 하는 데 있다. 그러나 거기에는 언제나 구성요소 간의 갈등과 모순이 존재하게 마련이다. 따라서 구성요소 간의 갈등과 모순을 화해시키고 해결하는 것이 도시구성의 본질이라고 하겠다.

그러므로 도시구성은 공간적 형상화뿐만 아니라 시간, 즉 도시의 점진적인 형성과정을 생각하는 것이다. 다시 말하면, 도시의 변화와 발전을 흡수하고 뒷받침할 수 있는 근본구조가 되는 점진적인 형성 조건을 마련하는 것이다. 이는 과거의 도시 형태나 그 결과로써 아름다운 경관을 그대로 재생산하는 것이 아니라, 역사 속에서 도시의 생성, 발전, 그리고 변화의 논리적 과정을 재발견하고 회복하는 데에 있다.[21] 이것이 의미하는 바는 과거의 것을 다시금 그대로 적용하는 데에 있다기보다 다른 것을 구상하기 위해 그것으로부터 영감을 얻는 데에 있다. 그러므로 그것은 순수한 창조가 아니라 경험 또는 선례로서 역사를 활용하는 것이다. 이는 모던에서처럼 과거와의 단절이 아닌 연속성 속에서의 연장이나 재조작이 가능한 열린 개념으로 생각하는 것이며, 시간과 공간 속에서 동시에 생각하는 태도와 의지를 나타내는 것이다.

2. 도시조직의 회복

도시의 형태적 및 구성적 특질의 재발견과 함께 이제 포스트모던 건축가들은 길과 광장을 따라 촘촘히 짜인 건물들을 설계함으로써 도시조직(urban tissue)을 회복하고자 하였다. 도시에 대한 이러한 개념은 해방된 공간에 고립된 건물을 세우고자 했던 모던의 이론과는 근본적으로 대립되는 것이었다. 그들은 성벽 안에 치밀하게 짜이고 기념물을 중심으로 구성되었던 옛 도시의 전통으로 되돌아갔던 것이다.

특히 건축가 Leon Krier는 '도시의 사회적 문화적 복잡성은 필연적으로 도시의 물리적 구조와 밀도에 밀접한 관계가 있다는 전제 하에, 도시에서의 빌딩 블록(building block)의 길이와 폭은 유형학적으로

---

21) 이에 대한 자세한 내용은 본인의 저서 〈도시구성〉(충북대학교출판부, 2013)을 참조하기 바람.

존재할 수 있을 정도의 적당한 크기여야 하고, 이러한 빌딩 블록은 수평적이고도 다방향적인 도시공간의 망(즉 도시조직)을 이루는 가로와 광장이 가능한 한 많이 생기게끔 해야만 한다'는 것을 주장하였다.

이 점에 있어, 우리는 지역지구제(zoning)에 의한 '조각난 근대도시(fragmented city)'와 빌딩 블록에 의해 짜이는 '조각으로 구성되는 옛 도시(city composed of fragments)' 간의 차이를 이해하여야 할 것이다. 즉 전통적인 도시에서의 조각, 즉 빌딩 블록은 도시의 구성요소가 되는 하나의 형태이다. 그러므로 빌딩 블록의 크기와 모양은 도시의 성격을 결정하는데 결정적인 역할을 한다. 이와는 반대로 지역지구제에 의한 근대도시에서의 블록(즉 기능적 구획)은 그 어떤 형태가 없다. 이 점은 이미 제4장에서 Leon Krier가 빌딩 블록의 크기 변화 과정에서 잘 보여주었던 것처럼, 지역지구제에 의한 근대도시에서의 구획은 그 하나의 크기가 과거 중세도시의 크기만 하다는 것을 상기하면 어렵지 않게 이해할 수 있을 것이다. 따라서 그러한 독립적인 블록은 결코 도시로 발전되지 않는다. 그것은 흔히 고리모양의 도로망에 의해 한정되는 고정되고 닫힌 모양일 뿐인 것이다.

그런데 하나의 구성에서 그 구성요소는 고정된 기능을 수행하는 기계부품과 같은 것이 아니라, 요소들 간의 관계나 전체적 상황에 따라 다양한 역할을 하게 된다. 마찬가지로 빌딩 블록의 이 같은 다양한 역할은 바로 도시에서의 도시 조직의 역할이며, 이러한 역할로 인하여 도시성 또는 도시적 분위기가 이루어지는 것이다. 즉 도시조직의 회복은 모던에 의해 상실된 다양한 도시공간과 그곳에서의 다양한 활동을 회복할 수 있는 가능성을 잉태함으로써, 복잡하고 다양한 도시에서의 일상적인 삶을 탄력성 있게 수용할 수 있는 잠재력을 지니게 된다는 점에서 매우 중요하다.

3. 건축 형태의 회복

그러나 이러한 연계성으로의 회귀 그 자체만으로는 포스트모던의 이론적 주의를 구성할 수 없었다. 오히려 이론적 큰 공백만을 입증하는 셈이었다. 모던에 의해 정의된 제 원리들을 거부하는 포스트모던 건축가들한테는, 그러므로 그들의 작품이 의지할 수 있는 새로운 뿌리를 찾아야만 했다. 따라서 포스트모던의 역사는 이러한 새로운 뿌리의 역사라고 할 수 있는 것이다.

이에 따라 몇몇 건축가들은 시간을 거슬러 올라가서 과거 건축에서 쓰였던 기둥, 주두(柱頭), 박공, 장식 등을 가지고 전통을 재발견하기도 하였다. 그러나 이러한 과거의 발견은 매우 형식적인 상태에 머물렀다. 즉 초기 포스트모던 건축가들은 과거 건축의 외양에서 착상을 얻었을 뿐, 그것을 출현하게 하는 이유나 논리적 근거에서 출발하지는 못하였던 것이다. 따라서 그들은 비가 오지 않는 지역에 지붕을 설계하였고, 철근콘크리트로 된 건물에 돌로 된 궁륭천장을 하였고, 탁 트인 조망이 없는 곳에 파노라믹한 수평창을 설치하였고, 정원이 없는 필로티를 세웠던 것이다.

또한 근대 건축가들이 기능과 구조를 형태보다 더 중시했음에 반하여, 포스트모던 건축가들은 그와는 정반대로 하였다. 그러나 이러한 사실이 그들 작품의 흥미를 없애지는 않았는데, 이는 로마건축이나 고전건축만큼이나 역시 흥미 있는 바로크건축에서 그들의 작품이 비롯되었기 때문이다. 이러한 그들의 입장은 장식에 부여된 새로운 중요성을 통하여, 그리고 구조에 그 중요성을 훨씬 덜 부여함으로써 구체화되어졌다.

그런데 과거에 대한 확신과 미래에서의 새로운 뿌리내림의 추구는 건축가들에게 상반된 두 가지 태도를 가져왔는데, 그 하나는 먼 전통으로부터 착상을 얻고자 하는 낭만적인 태도이고, 다른 하나는 오히려 가까운 전통으로부터 착상을 찾고자 하는 합리주의적 태도이다. 전자의 경우는 이후 고전적 전통을 계승하고자 하는 신고전주의(Neo-

〈그림 6-2〉 인공의 강둑 위에 세워진 200세대의 주거건물
(건축가 : 리카르도 보필)

〈그림 6-3〉 마르느 라 발레에 있는 주거건물(건축가 : 앙리 시리아니)

Classicism)로 이어지고 있으며, 후자의 경우는 모던을 재해석하고자 하는 신모던(Neo-Modern)의 추구로 이어진다. 먼 전통으로부터 착상을 얻고자 하는 낭만적 태도의 가장 유명한 예는 Ricardo Bofill의 거대한 작품들에서 볼 수 있으며, 가까운 전통으로부터 착상을 찾고자 하는 합리주의적 태도의 가장 유명한 예는 Henri Ciriani의 작품에서 볼 수 있다. Henri Ciriani는 지금이야말로 1930년대의 근대건축이 과거의 여러 주요 건축적 운동과 연결될 수 있는 시점에 이르렀다고 생각하였다. 그리하여 Le Corbusier와 Bauhaus의 온갖 건축어휘들을 - 예컨대 입방체적 볼륨, 필로티, 옥상정원, 경사로와 난간, 파노라믹한 수평창 등 - 새로운 방식으로 해석하면서 다시 취하였다.

이런 까닭으로 우리는 포스트모던 건축에서 화려한 교회와 바로크 궁전 같은 건물들이 출현함과 동시에 또한 포스트고딕 성채와 포스트클래식 저택의 매우 검소함이 출현함을 볼 수 있는 것이다. 즉 한쪽은 정열이고, 다른 한쪽은 이성이다. 그러나 실제로는 추구하는 바가 같고 그 방법 또한 같은 두 가지의 형태적 표현인 것이다.

4. 기념적 건축과 장식의 부활

1) 기념적 건축

모던의 역사는 크게 두 시기로 나누어진다. 즉 이론적인 것이 많이 출현하였으나 그것의 실현이 적었던 1930년대와 이론적 발전은 적었으나 많은 건설이 이루어졌던 1960년대로 구분된다. 사고하는 시기와 행동하는 시기 간의 이러한 교체는 건축에 관한 한 하나의 추세인 바, 비활동적인 시기에는 그간 축적된 아이디어로부터 건설을 하고, 정신없이 활동하는 시기에는 그간의 축적된 경험으로부터 새로운 사고를 상상한다.

1930년대의 경제 위기의 기간 동안에는 대량 생산이라고 하는 면과는 거리가 있었다. 실제로 그것은 당시의 경제적 여건으로서는 불가능한 것이었다. 따라서 새로운 이론을 실험할 수 있는 계기를 주는 예외적이고 이례적인 건물의 생산에 그 방향을 맞추었던 것이다. 그러므로 1930년대의 건축가들은 도시를 건설하고자 하였으나 그러한 사회적 여건으로 인하여 그들이 바라는 도시를 구성하게 될 건물만을 실현시켰을 뿐이며, 대량 생산을 바랬으나 단지 근대건축의 원형(原型)만을 창안해 냈던 것이다.

반면에 1960년대의 이례적인 팽창의 기간 동안에는 외면할 수 없는 다수의 일반 대중을 위한 건축에 관심을 두었고, 긴급을 요하지 않았던 실험적인 건물과는 거리가 멀었던 것이다. 따라서 기념비적인 것들을 건설할 준비나 여건이 성숙된 당시로서는 건축가들이 도시 전체를 건설하고자 했음은 당연한 일이었다.

역설적이기는 하지만, 경제 위기의 시대에는 평범한 도시에 기념비적인 건축을 세우고자 했던 반면에 팽창의 시기에는 기념적인 거대한 도시에 평범한 건축을 짓고자 한 것이다. 그런데 기념적인 거대한 도시에서는 모든 것이 너무 거창하기 때문에 기념적인 건축이 존재할 수 없고, 평범하고 수수한 자그마한 도시에서는 모든 것이 다 너무 작고 평범하기 때문에 역시 평범한 건축이 존재할 수 없음을 주목해야 할 것이다. 이처럼 이례적인 것과 일상적인 것 간의 변증법적 관계는 언제나 피할 수 없는 것이다.

양적인 문제에 집착한 모던은 결국 표준화되고 획일화된 그리고 비개성적인 건축물을 낳게 하였다. 그리하여 똑같은 단위세포를 무수히 쌓아 넣은 거대한 수평/수직의 막대기를 세우게 되었고, 주거는 이러한 이름 없는 집합체 속에서 단지 숫자화하게 되었다. 이에 대한 반발로 포스트모던 건축가들은 효용적인 것에 비효용적인 것을 그리고 기능에 상징을 첨가함으로써 그들의 주거를 개성화 시키고자 하였다. 그런데 이례적이고 비효용적이며 상징적인 것의 정수는 바로 기념물인 것이다.

양적인 문제가 어느 정도 해결됨에 따라 이제 많은 사람들이 성냥

갑 같은 주거가 아니라 궁궐 같은 저택이나 개성이 있는 주거에서 살기를 바라고 있다. 그래서 포스트모던 건축가들은 성채의 형태로 된 별장과 기념물의 형태로 된 건물을 생각해냈다. 그러나 그들은 결코 임의적으로 그러한 형태를 생각해낸 것은 아니다. 그것은 단지 사회 전체의 요구에 응한 것일 뿐이었다.

그런데 기념이란 단어의 의미가 어원적으로 볼 때 '무엇을 상기시키는 것'이므로, 이러한 사회 전체의 요구란 바로 '집단적인 기억(collective memory)'의 표출로 볼 수 있다. 이런 의미에서 기념물은 바로 집단적 기억을 가장 잘 나타내고 있는 실체이기도 하다. Aldo Rossi는 그의 책 〈The Architecture of the City〉에서 "도시 그 자체는 도시 주민들의 기억이다. 기억이 어떤 사실이나 장소와 연결되어 있는 것처럼, 도시는 집단적 기억의 장소라고 할 수 있다"라고 하면서, 도시 형태의 원동력이 되는 요소로서의 기념물 그리고 도시의 지속적인 발전에 있어 기념물의 역할을 강조하였다.

도시에 대한 이러한 생각은 과거와 미래 간의 결합을 실현한다. 즉 그러한 생각은 기억이 한 개인의 일생을 가로지르듯이 집단적 기억은 도시를 가로지른다. 그것이 구체화되기 위해서는 언제나 현실에 형태를 부여하여야만 할 것이며, 동시에 현실에 순응해야만 한다. 그러한 형태는 기념물과 같은 독특한 도시적 사실 속에 지속적으로 존재한다. 그리고 우리들이 그것으로부터 갖게 되는 생각 속에 존재하게 된다. 이러한 사실은 또한 왜 고대인들에게는 도시가 신화 속에서 그 기원을 갖게 되는가에 대한 이유이기도 하다.

2) 풍부한 장식

보다 높고 넓은 공간을 갖는 건물을 짓고자 하는 인간의 열망은 언제나 구조와 시공 기술에 의해 제약을 받아 왔다. 그리하여 고대 로마 이후 부단히 구조와 시공 기술의 발전이 이루어지면서 그 이전에는 생각할 수 없었던 규모의 건물과 공간을 실현할 수 있었다. 근대

〈그림 6-4〉 아브락사스 광장, 파리(건축가 : 리카르도 보필)

〈그림 6-5〉 파블로 피카소광장, 파리(건축가 : 야노브스키)

〈그림 6-6〉 조르쥬 퐁피두센터, 파리(건축가 : 리처드 로저스)

건축 역시 철근콘크리트 및 철골구조와 그에 따른 시공 기술의 발전이 없었다면 불가능한 것이었다. 그렇지만 모던 역시 막대기와 탑의 형태에서 볼 수 있듯이 그 형태에 있어 구조적 및 시공기술적 제약을 여전히 받고 있었다.

하지만 이제 어떤 규모나 형태의 건물도 가능할 정도로 거의 완벽한 수준의 기술을 지니게 되었다. 그 결과 이제 포스트모던 건축가들은 이전에는 생각할 수 없었던 그 어떤 형태도 자유롭게 표현할 수 있게 되었고, 그리고 시공 기술을 극단적으로 표현하거나 아니면 거의 망각할 수 있을 정도로 그것을 감추기도 하였다. 그리하여 몇몇 포스트모던 건축가들은 기술적인 것을 새로운 건축을 고안해내기 위해 사용하였다. 그것은 현란스러운 교회나 바로크의 궁궐과 비교되는 조르쥬 퐁피두센터를 낳게 하였다. 이와는 반대로 몇몇 다른 건축가들은 이제 그들이 보기에는 단지 형태를 구현하는 수단에 지나지 않는 기술을 전적으로 잊게 했는데, 이는 19세기의 몇몇 기념물과 비교해야 되는 Bofill의 궁궐 같은 건물을 낳게 하였다.

모던에서는 아무것도 없는 깨끗한 입면과 함께 온갖 종류의 장식을 거부하였다. 그리하여 모던의 건축가들은 건물 그 자체가 자율적인 볼륨에 자율적인 개구부를 배열하였다. 그러나 포스트모던의 건축가들은 개구부를 건물 전체의 볼륨과 관련하여 입면을 구성함으로써 그 어떤 연계성을 다시 갖게 하였다. 즉 그들은 바로크 시대의 필수적 역할의 하나였던 장식의 원리를 재발견하였던 것이다. 이러한 장식은 단지 건물에 환상적인 분위기를 연출하고자 쓰인 것만은 아니다. 이러한 장식은 또한 건물에 의미를 부여함과 동시에 건물이나 도시의 단일성 또는 통일성을 주는데 기여하기 때문이다. 즉 장식은 연계성의 도구인 셈인 것이다. 따라서 장식은 이제 건축적 구성의 새로운 도구가 되었다.

그런데 포스트모던의 이러한 장식은 끊임없이 두 가지 경향에 의거하였는데, 그 하나는 과거의 건축 요소인 박공, 기둥, 그리고 아케이드 등을 자유로이 갖다 쓰는 낭만적이며 자유분방한 역사주의적 경향이고, 다른 하나는 엄격하고 검소한 근대건축의 기본 정신은 존중하되 재해석을 통하여 적절하게 장식을 도입하는 경향을 말한다.

Ⅶ. 포스트모던의 경향

1. 고전의 재인식 : 존재론적 신화의 회복

"자연에 대한 모든 신화적 관계를 배제하는…, 따라서 예술가에게 신화가 없는 상상력을 요구하는 사회적 발전은 있을 수 없다"

- Karl Marx -

박공이나 기둥 같은 단순한 요소는 문화적으로 결정된 지식을 반영한다. 그러므로 고전어휘는 건축술의 기원으로 거슬러 올라간다는 것을 보여준다. 일반적으로 여러 예술의 경우와 마찬가지로 건축 역시 그 원리들은 자연으로부터 영감을 받은 것이며, 그리고 그 규칙들은 언제나 거기에서 다시 발견된다. 그러므로 고전적인 것을 더욱 더 갈망하는 대중을 위해서는 예술은 자연을 모방하여야 한다. 그러나 여기서의 모방은 복사가 아닌 해석을 의미하는 것으로 자연세계의 변형을 의미한다. 따라서 모방은 자연세계에 대해서 뿐만 아니라, 거기에 존재하는 건물들에 대한 비판적 강론이 요구된다. 그러므로 우리의 미적 선택은 언제나 사회적으로 결정되는 적절함의 기준에 따라 이루어진다. 요컨대 고전양식은 모든 유행을 초월한다. 그러므로 그것은 취향의 문제에 관련되지 않으며, 평온함으로 충만된 삶의 방식에 시간을 초월한 우아함의 틀을 제공한다. 결국 고전주의는 양식이 아닌 것이다.

1) 고전의 본질

초기의 모던은 비효율적이고 비생산적인 기존의 모든 가치를 배제하고 합리적이고 과학적인 새로운 정신에 입각하여 대량생산의 길을 열어놓음으로써, 양적인 부족으로부터 벗어날 수 있게 하였다. 그러나 생산성의 증가는 곧바로 그것을 소비해야 할 시장의 창출을 필요로 하면서, 상업주의의 등장과 함께 소비문화를 초래하였다. 이제 산업생산품은 소비되기 위하여 수요를 창출하여야만 하였다. 그러기 위해서는 그 어떤 논리가 아닌 소비자의 취향이나 욕구에 맞춰야만 했고, 이런 이유로 잘 팔리는 것이 곧 좋은 제품으로 인식하게 되었다. 즉 사용가치(use value)보다는 교환가치(exchange value) 또는 상품가치가 더 우선하였던 것이다. 다시 말하면, 대량생산에 의한 주거(이 점에 있어 주거는 산업생산품임)는 안식처로서의 전통적인 개념에서의 주거라기보다 교환가치가 우선이 되는 하나의 상품이 된 것이다.

그리하여 그 어떤 절대성이나 일관된 논리가 부인되는 소위 근대절충주의(Modern Eclecticism)가 나타나게 되었다. 이는 교환가치나 상품가치를 위해서라면 모든 것이 허용될 수 있고 타협될 수도 있음을 의미하는 것이다. 그리하여 이제 그 어떤 형태나 양식도 가능할 뿐만 아니라 그것의 절충도 가능하게 되었던 것이다. 이러한 현상의 이면에는 '그 어디에도 다소간의 진리는 있으나 그 어느 곳, 어느 때, 그 누구에게도 완전한 진리는 없다'라고 하는 생각으로부터 기인하는 것이었다. 그렇기 때문에 과거와의 단절과 함께 '무에서의 창조(creation ex nihilo)'를 하고자 했던 모더니즘은 그 근원과 뿌리의 부재로 인한 그 자신의 '존재론적 신화(ontological myth)'의 결여로 도구화되었다. 그리하여 이제 건축은 모던의 새로움과 대중들의 취향 사이에서 온갖 역사적 양식들이 난무하게 되었다.

그런데 이러한 건축은 그 성격상 일시적인 저속한 산업제품(kitsch)에 지나지 않음으로, 이를 극복하기 위해서는 그것에 그 어떤 도덕적 및 미적 가치를 부여하여야만 했다. 이를 위해 현실의 미화와 커뮤니케이션 과정의 미화라고 하는 두 가지 기법이 사용되었다. 현실의 미화란, 이제 소비는 미덕이고 이윤의 추구는 미덕이라는 것이다. 따라서 '소비라고 하는 미덕이 결여된 존재는 바로 그런 이유로 추하다'는 것이다. 커뮤니케이션 과정의 미화란, 선전이나 광고를 통해 그럴듯하게 우리의 말초신경을 자극하거나 그 어떤 이미지를 갖고 우리를 세뇌하는 것이다. 즉 예술의 경우에서처럼 정당한 정보나 지식을 전달하기 위한 것이 아닌, 폴리는 단지 수단인 것이다. 그리하여 경우에 따라서는 우리가 속았다는 속상함과 바보처럼 취급당했다는 허탈감을 갖게 된다.

따라서 그러한 건축에는 소비에 저항하고 경험의 핵으로 남게 되는 그 어떤 것, 즉 '미적 잉여(aesthetic surplus)'가 없게 된다. 즉 거기에서는 진실된 그 어떤 것, 정당한 그 어떤 것을 기대할 수가 없는 것이다. 결국 근대절충주의는 과정을 미화하는 기법에 전적으로 초점을 맞춤으로써 '축조논리(tectonic logos)'라고 하는 근본적인 문제를 다루지 못하고 있다. 결국 오늘날의 건축의 딜레마는 두 가지에 연유한다. 하나는 모더니즘으로부터 기인하는 의미의 부재이고, 다른 하나는 근대절충주의로부터 기인하는 의미의 남발이다.

그렇다면 그 자체의 신화적 표현을 담고 있는 건물의 존재론을 서서히 확립하는 것이 필요하다. 그러기 위해서는 토속건축의 축조논리에 건축적 담론의 초점을 맞추어야 할 것이다. 왜냐하면 건축에서의 존재론적 신화(ontological myth)란 '일찍이 이미 잘 적응된 건축이 있었다'라는 것을 인식하는 것으로부터 비롯되는데, 토속건축이야말로 바로 그러한 건축이기 때문이다.

일반적으로 토속건축에서 토속이라는 말은 투박하고 촌스러움을 연상하게 하지만, 재료를 알뜰하게 써야만 했던 엄격한 조건하에서의 최소한의 안식처(shelter)라는 보편적인 기풍으로 이해한다면, 토속적이라는 말의 본질적인 의미는 매우 솔직하고 근검하며, 효율적이고 경제적인 것을 나타내는 것이며, 또한 그로 인한 지속성과 즐거움을 나타내는 것이라고 하겠다. 그러므로 토속건축에서 재료나 기법에 따른 지역적 특성을 넘어서는 보편적이고 본질적으로 현상학적인 축조 논리를 볼 수 있다. 그러한 선험적인 축조논리는 공통적인 건축적 경험의 핵으로 기여한다. 토속건축의 축조논리에 내재한 기본적인 세 가지 경험은 하중의 경험, 부재의 경험, 그리고 경계의 경험이다. 하중의 경험은 건축은 우선 지붕에서 보-기둥-벽-바닥-기초에 이르는 하중의 체계적 흐름을 통하여 일차적으로 존재하게 된다는 것을, 부재의 경험은 그러한 일차적 구조는 처음과 끝이 유한한 부재로 조립되거나 쌓이게 된다는 것을, 그리고 경계의 경험은 창과 문, 복도, 주랑 등에 의해 건축 공간(즉 내부 공간)과 외부 공간과의 경계가 이루어진다는 선험적 경험을 말한다.

그러나 건축은 이러한 초보적이고도 기본적인 수준에 머무를 수는 없는 것이다. 즉 고전건축에서는 토속건축에서의 일상적 필요를 넘어서는 그 어떤 것이 있는데, 그것이 바로 '신화를 만드는 힘(mytho-poeic power)'이다. 신전을 평범한 일상의 건물과 구별되게 하는 것은 바로 이러한 힘이다. 이런 의미에서 양식이 아닌 감수성으로서의 고전주의는 토속건축의 선험적 축조논리를 신화가 되게 한다.

또한 신화를 만드는 힘은 질서(order)라는 생각 속에서 고전적 관조의 궁극적인 대상이 된다. 그리하여 질서는 단순히 안식처라는 필요성을 넘어서는 형태를 설정하게 되는데, 거기엔 신화적 허구라고 하는 힘이 지배한다. 고전적 사고의 으뜸이 되는 미적 주제를 이루는 것은, 그러한 신화적 허구의 작용 가능성인 것이다. 신화는 현실과 허구 간의 수렴을 가능하게 하여 무미건조한 현실에 그 어떤 것이 회복되게 한다. 축조논리를 신화적 허구가 되게 함으로써, 고전적 생각은 현실을 관조적 상태에 놓이게 하여 마음이 평온한 그 어느 순간에 일상을 벗어나는 신성한 힘(즉 그 어떤 깨달음)을 누리게 한다.

오늘날 신화를 만드는 정신이 결여된 이유는 경험을 냉정하게 다룰 수 없어서가 아니라, 오늘날의 상업주의가 교묘하게 진실의 객관성을 저속한 실증주의와 실용주의로 대치하였기 때문이다. 결국 저속함이란 객관성의 추구에 있는 것이 아니라, 소비문화가 사심 없는 관조가 아닌 단순한 생산 확장을 자랑하는 그 내재적 속성에 있는 것이다.

2) 고전에서 예술적 모방

a. 진실된 그 어떤 것

미적 견지에서 볼 때, 고전건축 옹호자들은 모방이론을 채택하고 있다. 왜냐하면 고대 그리스 이래 비평가와 철학자들은 자연을 조화로운 균형과 비례를 나타내는 완벽한 모델로 간주함으로써 자연을 모방해야할 고전적 미의 이상으로 삼았기 때문이다. 아리스토텔레스 역시 그의 〈시학〉에서 '예술은 자연의 모방'이라고 기술함으로써 이러한 입장을 취하고 있다.

그러나 아리스토텔레스가 말하는 자연의 모방이란 단순한 자연의 복제나 재현을 말하는 것은 아니다. 왜냐하면 아리스토텔레스는 그의 〈시학〉에서 시와 예술을 경험으로부터 해방된 진실의 한 형태로 논하고 있기 때문이다. 즉 그에게 있어 시와 예술은 경험과 우연적 현실을 허구적 행위로 전환시킴으로써 갖게 되는 관찰자의 깨인 반응을 말하는 것이다. 이러한 맥락에서 볼 때, 고전건축의 의미는 단지 그 실용성이나 아름다움을 넘어 존재하는 그 어떤 것에 대한 관찰자의 인식과 관계되는 것으로, 이러한 인식은 본질적으로 관조적 경험이다.

그러므로 아리스토텔레스가 말하는 모방이란 자연 대상물을 있는 그대로 복사나 재현하는 것을 의미하는 것이 아니다. 왜냐하면 아리스토텔레스에게 있어 예술의 모방 방식은 사물의 과거나 현재 상태, 사물이 그렇게 이야기되고 있는 상태, 그리고 사물이 당연히 그렇게 존재해야만 하는 상태라고 명시함으로써, 모방이 세상을 있는 그대로 복사하는 것이 아님을 분명하게 보여주고 있기 때문이다. 여기서 '당연히 존재해야만 하는 그 어떤 것'이란 적절한 그 어떤 것, 중요한 그 어떤 것, 본질적인 그 어떤 것, 진실된 그 어떤 것, 또는 의미 있는 그 어떤 것이라고 하는 포괄적 의미의 그 어떤 것이다. 그러므로 예술적 모방이란 실제 세계(즉 모델)를 그대로 복제하거나 흉내 내는 것을 의미하는 것이 아니라 해석이다.

이런 측면에서 볼 때, 자동카메라에 의한 무심한 사진이나 기계적으로 그려지는 투시도는 고도의 사실성에도 불구하고 예술작품이 될 수는 없다. 거기에는 작가의 관점이 없기 때문이다. 그러나 사진작가의 작품사진, 화가의 그림이나 스케치는 예술작품이다. 그 이유는 거기엔 단지 대상물의 사실적 재현이 아닌 작가의 관점과 해석이 투영되기 때문이다. 이런 의미에서 예술적 모방은 언제나 세상의 그 어떤 변형을 의미한다.

b. 거리두기로서의 그 어떤 것

예술은 어떤 방식으로 우리에게 말하는가? 예술적 모방이 우리에게 세상의 진실을 드러내는 수단은 무엇인가? 예술작품은 이성에 호소하는가, 아니면 그것은 개념과 논설적인 언어로 세상을 기술하는가? 여기서 아리스토텔레스는 우리에게 예술작품은 과학도 철학도 아닌 세상에서 발견되는 그 어떤 것의 유사함(likeness)에 지나지 않음을 상기시킨다. 그 이유는 예술작품은 언제나 그것의 매체로 결코 지적이거나 추론적인 언어를 사용하지 않고 감각적 형태를 사용한다는 점에서, 예술작품은 우선적으로 모델과는 물질적으로 다른 매체로 표현된다는 점에서, 그리고 예술작품은 눈속임의 환상이 아니라 절대적인 질서의 표현이라는 점에서, 결국 그 어떤 것의 유사함의 표현일 수밖에 없기 때문이다.

그러나 여전히 예술적 유사함이 요구하는 거리(distance)를 종종 망각하는 경향이 있다. 이러한 거리의 망각은 저속한 작품(kitsch)을 낳는다. 저속한 작품과 예술작품 간의 차이는 저속한 작품은 사실이 아닌 것에 대한 보상으로써 흉내 내지만, 예술작품은 사실과 거리를 두기 위해 모방을 하며 그리하여 그것을 새롭게 조명한다. 예술가 쪽에서 볼 때, 이러한 거리두기는 부적당의 표시가 아니라 오히려 그러한 예술적 생산의 중요한 특징이다. 예술가는 그 자신을 모델과 거리를 둠으로써, 그렇지 않으면 우리가 알아채지 못하고 지나칠 수도 있었던 적절함을 지적하면서, 결코 전에 보지 못했던 것을 우리로 하여금 보게 한다. 그리하여 우연한 현실로부터 이끌어낸 그러한 작품이 보여주는 것은 우리로 하여금 그것에 대해 관조하게 하는 것이다. 이 점에 있어 동양의 산수화(山水畵)는 좋은 예가 된다. 산수화는 화가가 직관적, 정감적으로 체험한 자연에 대한 심상을 조형적 형식에 의해 예술적으로 표현함으로써, 그 그림을 보는 사람으로 하여금 산수의 미를 발견하고 체험할 수 있는 기회를 줄 뿐만 아니라, 나아가서는 자연의 조화, 자연의 영(靈), 신기(神氣) 또는 기운(氣韻)을 직감하게 까지도 한다.

이런 의미에서 예술작품은 모범적인 예와 교훈 간을 연결하는 다리로써 존재한다. 예술작품은 그것의 전형성을 위해 선택된 각별한 예들을 모방함으로써 보편적 진리를 나타낸다. 이는 일반적인 아이디어가 각별한 예에서 구현된다는 것이 아니라, 각별한 경우가 예술적 처리에 의해 일반화된다는 것을 말한다. 의심의 여지없이 이것은 '각별한 경우가 보편적이 되기 위해서는 오로지 시인의 처리 솜씨만을 필요로 할 뿐이다'라고 말한 Goethe와 그 맥을 같이 한다.

고전적 형태에서 우리는 중력과 안정이라고 하는 보편적 법칙을 인지하게 된다. 사실 그 어떤 것을 인지한다는 것은 보편적인 것과 본질적인 것을 안다는 것을 의미한다. 그것은 단지 우연적 사물과 사건의 집합체로서의 경험이 아니라 지적인 이야기로서의 경험이다. 따라서 왜 인간은 유사함을 보는 것을 즐기는가의 이유는, 아리스토텔레스가 말하듯이, 그것을 관조함으로써 배우고 추론하는 자신들을 발견한다는 것이며, 그리하여 아마도 '아, 바로 그거로군!'이라고 깨닫게 되는 자신을 발견하기 때문이다.

예술을 즐김에 있어 주된 인자가 되는 것은 진실된 것의 인지에 따르는 감정적 즐거움이다. 그러므로 모방 이론은 예술과 건축이 자신에 대한 이해와 그로 인한 세상에 대한 우리의 친숙함을 심화하는데 기여하는 한 형태라는 것을 시사한다. 예술가는 세상에서 발견되는 그 어떤 것의 표현을 감각적인 형태로 우리에게 보여준다. 그러나 그것은 언제나 모델과의 거리를 두는 것을 수반한다. 왜냐하면 예술작품에 의미와 진실을 부여하는 것은 바로 이러한 거리이기 때문이다. 예컨대 화가 이중섭(李仲燮)이 그린 예술적 모방으로써의 작품 〈소〉와 실제 소를 분리시키는 것이 바로 이러한 거리이다. 또한 스페인 내전의 잔학상에 관한 기록과 고야의 그림 〈자신의 아이를 먹는 사투르누스〉에서 표현한 전쟁의 잔학상을 비교하면, 내전의 기록은 공포를 생각나게 하지만 고야의 작품은 우리에게 미적 즐거움을 준다. 그것은 바로 우리로 하여금 인간 조건의 비극을 관조하도록 현실에 관하여 그가 회복한 거리에 의해 야기되는 즐거움인 것이다.

오늘날 시장 윤리 그리고 독창적인 것과 진품에 대한 근심은, 각각의 예술작품이 보증서(즉 저작권)를 받을 만큼 충분히 독창적인 작품이 되어야만 한다는 것을 주장한다. 그러나 하늘 아래 새로운 것이란 없다. 왜냐하면 모든 예술의 경우와 마찬가지로 건축 역시 그것의 원리들은 일반적으로 자연으로부터 영감을 받은 것들이고, 그리고 모든 규칙들은 언제나 거기에서 다시 발견되기 때문이다. 따라서 무에서의 창조란 상상할 수 없는 것이다. 건물은 다른 건물로부터 만들어지며, 건축은 그 자체로부터 형성된다. 소나타 형식이 음악 밖에서 존재할 수 없듯이, 건축의 형태는 건축 밖에서 존재할 수 없는 것이다. 위대한 건축가는 위대한 건축유산의 원리를 모방함에 반해 저속한 건축가는 그것을 단지 복사할 뿐이다.

따라서 건축은 혁신에 대한 광적인 집착이나 지적 궤변, 위반, 지루함 또는 패러디와는 아무런 관계가 없다. 건축은 선, 점잖음, 알맞음과 관련된 결정으로부터 형성된다. 고전적 전통을 신봉하는 것은 거기에서 그 어떤 처방전이나 비법을 발견하고자 함이 아니라 실제 생활 속에서 그러한 정신을 함양하는 계기를 부여하고자 함이다. 그러한 정신은 신의 현시(顯示)가 아니라 현재의 우연성에의 적응이라고 하는 필요한 과업인 것이다.

2. 고전의 재해석 : Neo-Classicism

1970년대 말부터 포스트모더니즘은 전통어휘를 규범적이라기보다 자유롭게 다루는 것을 특징으로 하는 새로운 형태의 고전주의(즉 신고전주의)의 단계로 들어갔다. 그러나 많은 사람들이 이를 오해를 했을 뿐만 아니라, 적지 않은 사람들은 전통어휘의 오용과 남용이라고 비판하였다. 그러나 잘 확립된 모든 문화적 형태의 변천이 그러하듯, 이러한 단계는 새로 출현하는 규칙에 따라 그 자체에 대한 이해가 요구된다. 예컨대 이러한 '자유로운' 고전주의는 우리의 노력을 과거에 연결시키게 하고, 표현의 보편적 형상으로든 아니면 주어진 언어의 항구성으로든 간에 쓰이게 되는 이미 전제된 그 어떤 것들을 공유한다는 사실이다. 예술에 있어 인체 비유적 표현 그리고 건축에서 기둥의 형상적 역할은 이러한 불변의 놀라운 두 가지 예이다. 그러나 이에 비교될만한 다수의 구성 요소와 규칙을 열거하는 것은 어렵지 않다. 신고전주의는 부분적으로 다음과 같은 필요성의 재발견으로 출현하였다. 그러한 필요성이란 바로 원형(原型)과 보편적인 것이 피할 수 없는 것이라면, 마찬가지로 예술의 표현에 그것을 분절하거나 변형시키는 것 또한 피할 수 없다는 사실이다.

혼합양식의 출현 이유는 다양하다. 그러나 그것은 새로운 시각으로 과거를 볼 것과 고전건축에 대한 온갖 논의를 벗어난 사실, 즉 그 뿌리는 오직 그리스 및 로마건축만이 아니라 이집트건축이라는 사실의 재발견을 강요한다. 이집트인들은 석조건축의 요소와 그것의 구문론적 결합 규칙의 대부분을 만들어 냈다. 그들은 오늘날 직접적으로 연결되는 상징적이고도 혼합적인 방식을 실제로 사용하였다. 고전 언어는 모든 세대의 언어이고 그것의 변천은 공통적인 목표를 반영한다는 생각으로부터 이러한 방식의 지속성이 나온다. 원형의 문제에 각별한 관심을 기울이는 예술가와 건축가는 당연히 비교할만한 해결책에 도달하게 된다. 즉 문화적인 견지에서 볼 때, 역사는 역행 가능한 연속체처럼 보인다.

1) 역행 가능한 역사적 연속체

고전주의의 부활은 종종 친구들 간의 사적 교류와 논의의 결과로 나타나는 개인적인 증거가 수반되었다. 참으로 그것의 가장 놀라운 면 중 하나는 스스로 드러남과 개인적인 참여이다. 특히 그 명칭이 의미하는 것처럼, 정신적 부활에 전념하였던 르네상스시기에 대해서는 사실이다.

Erwin Panofsky가 지적한 것처럼 고전주의의 부활은 '개인적인 깨어남', 즉 부활에 관련된다. 궁극적으로 이는 요한복음서의 근저에 깔려 있는 '인간이 부활하지 않고서는 신의 왕국을 볼 수 없다'는 것에 연결된다. 오늘날 기독교인의 부활은 고전주의적 부활에서 그 세속적인 대응체를 갖는다. 이것이 의미하는 바는 흥미롭다. 그 어떤 건축가나 화가가 불현듯이 서구적 전통을 근대주의적 개념의 대안으로 인지하고 거기에 일정한 자신의 역할을 수행할 수 있다고 생각할 때, 실제로 그는 기독교인의 부활과 유사한 경험을 할 수 있다. 이는 오늘날 건축가와 예술가 그리고 작가들을 연결하는 고전주의의 하나의 생각이다. 그러한 통찰력은 자의식(自意識)이기에 개인적인 발로가 된다. 즉 건축가와 화가는 갑자기 고전적 전통을 형태와 모티브의 무한한 집합체로서 뿐만 아니라 살아 있는 생각으로 이해하게 되는 것이다. 이러한 의식이 개인적인 도전으로 이끈다.

근대작가들이 고전작가들과 같은 수준에 놓이게 되면, 두 가지 현상이 야기된다. 첫째, 시간의 흐름이 전도될 수 있으며 역사적 인물들이 살아 있는 현재의 인물과 같게 된다. 둘째, 신구예술가들 간의 이러한 동등성은 긴 시간에 걸친 비교를 통하여 마침내 무엇이 이상적인 고전 형태인가에 대한 승자와 패자가 가려지게 된다. 그러나 이러한 비교의 긍정적인 면, 즉 유기적 연속체로서의 고전적 전통의 개념은 강조되어야만 한다. 문학에 있어 고전주의자로 자처하는 T. S. Eliot는 서구적 전통을 유기적 연속체, 즉 새로운 연결고리의 도입으로 그 과거가 수정 가능한 전도(顚倒)될 수 있는 살아 있는 실체로 보았다.[22] 그러한 생각은 매우 효력 있는 것으로, 고전적 전통과 진정한 혁신에 대한 우리의 사고방식을 당연히 바꾸게 하였다.

그 어떤 시인이나 예술가도 그 혼자만으로는 완전한 의미를 갖지 못한다. 그의 의미와 평가는 이미 죽은 시인과 예술가들과의 관계에 의해 이루어진다. 한 사람만을 평가할 수는 없으므로 대조와 비교를 위해서는 그를 죽은 자들 속에 놓아야만 한다. 새로운 예술작품이 창조되었을 때 일어나는 것은 그 작품 이전의 모든 예술작품에 동시적으로 일어나는 그 어떤 것이다. 기존의 기념물들은 그것들 간의 이상적인 질서를 이루지만, 새로운 기념물이 도입되면 그 질서는 수정된다. 기존의 질서는 새로운 작품이 등장하기 전까지는 완전하다. 그러나 이러한 질서가 새로운 작품의 출현 이후에도 지속되기 위해서는, 그것이 매우 미미할지라도 전체적인 기존의 질서는 수정되어야만 한다. 그리하여 각각의 예술작품의 관계, 비례, 가치는 전체와 관련하여 역시 재조정된다. 이것이 옛것과 새로운 것 간의 일치이다. 이러한 질서의 개념을 인정한 사람이라면 누구나 현재가 과거에 의해 수정되는 것과 마찬가지로 과거는 현재에 의해 수정된다는 생각이 결코 우스꽝스러운 것이 아니라는 것을 발견하게 될 것이다.

이러한 유기적 전통은 확실히 은유적 및 지각적 수준에서 작용한다. 즉 과거에 대한 우리의 견해는 새로운 창조와 해석에 의해 바뀐다는 것이다. 이런 점에서 볼 때, 죽은 예술가들의 지속적인 삶이라고 하는 유기적 연속체는 말이 된다. 그래서 문화적 불멸성이라고 하는 이러한 발견은 종종 갑작스런 개인적인 성찰(즉 깨달음)로 이끈다.

Raphael의 그림 〈아테네 학당〉은 이러한 역행 가능한 역사를 잘 보여주는 그림이다. 이 그림에서는 마치 모든 시간이 같은 순간에 출현

---

22) 관찰자와 작품 간의 관계에는 문화적 구조가 개입된다. 그런데 이러한 문화적 구조 그리고 문화적 구조가 낳는 의미는 지속적으로 바뀌게 된다. Eliot은 어떻게 모든 주된 작품이 이전의 모든 작품들을 재평가하게 하는가를 관찰하였다. 그 후 Kubler는 이러한 현상을 Eliot 효과(T. S. Eliot effect)라고 불렀다.

된 것처럼 과거와 현재는 회화적이고 상징적인 방식으로 겹쳐 있다. 이러한 시간과 공간의 붕괴는 과거가 현재에 살아 있고 현재가 과거를 부활하게 하는 전통의 연속성을 즉각적인 방식으로 나타낸다. 비슷한 생각이 건축에서 Gilbert Scott의 런던 앨버트 기념관의 부조에서 표현되었다. 여기서 서양문화는 위계적인 진화로 보여진다. : 질과 가치에 대한 견해는 논쟁적이고 논리적인 방식으로, 한 예술가가 다른 예술가에게 자리를 내주도록 좀 더 중립적인 이야기 속에서 용해된다. 여기서는 그 어떤 낙천주의가 지배한다. : Shakespeare는 Homer 곁에 위치하며, 19세기의 건축가들은 유명한 그들의 선배들과 나란히 있다. 현재에 의해 과거로 향한 이러한 도전은 당대 문화의 지나친 자만심의 전형이며, 과거와 현재를 하나의 전체로 간주하는 견해의 직접적인 결과이다.

고전주의가 살아있는 한, 그것은 논란의 여지가 있는 해석과 가치를 수반한다. 정치가들이 민주주의의 본질에 쉽게 동의하지 않는 것처럼, 오늘날 고전주의의 주동자들 역시 모든 신조에 대해 동의하지는 않는다. 사실 고전주의의 건강함의 요체인 이러한 토의는 정치적 및 사회적 근본과 마찬가지로 윤리적 입장으로부터 나온다. 그 어떤 살아 있는 전통도 그 뿌리는 도전을 받게 마련이다. 특히 그 뿌리의 유서가 깊을 때 더욱 그러하다. 그러한 도전은 지속적인 재평가와 논의가 수반된다.

〈그림 7-1〉 Gilbert Scott의 런던 앨버트 기념관의 부조

2) 새로운 규칙들

새로운 방식은 낯설지만 동시에 매우 친숙하기에 도발적이다. 그것은 규범적인 고전주의와 모더니즘이라는 두 개의 순수주의적 스타일을 결합하고 새로운 기술과 사회적 용례에 근거한 새로운 용어를 첨가한다. 이전의 예법과 구성의 규칙들은 무시되기보다는 확장되고 왜곡된다. 참으로 낭만적인 시기 이후 파문을 당한 일련의 규칙 안에서 이루어지는 바로 그 개념은 새로운 의미를 취한다.

규칙에 의해 지배되는 예술로부터의 유일한 탈출은 창조성에 별로 도움이 되지 않는 이면의 규범들을 우리의 의식에서 억제하는 것이다. 부단한 교류와 이론화가 이루어지는 시대에 선례를 모른 채로 있다는 것은 실제로 불가능한 일이다. 따라서 규칙과 그것에 수반되는 아이러니에 대한 의식은 피할 수 없는 일이다. 다음의 것들은 가장 의미 있는 새로운 규칙들이다.

a. 부조화적인 조화

새로운 표현방식 중 가장 분명한 것은 미적이고 동시에 구성적인 범주에 위치한다. 르네상스의 조화와 근대주의적 통합 대신에, 특히 포스트모던 건축가와 화가들에게서 미에 대한 혼합된 개념인 부조화적인 미 또는 부조화적인 조화(dissonant beauty or harmony)를 보게 된다. 르네상스의 건축가 Alberti의 말처럼, '손상됨이 없이 그 어느 것도 빼거나 더할 수 없는 완벽하게 완성된 전체' 대신에, 우리는 Robert Venturi의 '힘든 전체' 그리고 Hans Hollein이나 Poirier의 '조각난 통일체'를 보게 된다. 풍부함과 복잡성의 요구는 매너리스트들의 '어려움'과 '솜씨'에 비교될 만하다. 그러나 그것의 기초가 되고 있는 사회적이고 형이상학적 원리들은 새로운 것이다. 다원적 사회는 거짓된 것이든 재미가 없는 것이든 간에 단순한 조화를 찾는다. 그들의 시각으로 볼 때, 그러한 사회는 배타적인 고전주의나 거장들이 주도했던 모더니즘의 통합된 어휘보다는 현실적인 취향 및 철학이 함께 사용되는 것을 더 격찬한다.

'부조화적 조화'는 또한 우주는 동적인 진화과정에 있다는 것을 실제로 믿는 과학자들 간의 공감대에 의해 유효한 것으로 인정되고 있다. 과거의 고전적 부활은 '우주적 조화'라고 하는 전체가 동반되었다. Vitruvius는 '완전한' 인체를 천체질서와 동일시하였다. 그는 그러한 가정 하에 신전의 완전한 질서를 정당화하였다. 균형 잡힌 건물과 조각들을 이룩한 르네상스는 소우주와 대우주 간의 이러한 등식을 따랐다. 하지만 오늘날 우리는 뉴턴적/아인슈타인적 우주관과는 다른 복합적이고 조각난 비전과 함께, 그 어느 것도 전적으로 그럴듯하고 완전하거나 조화로운 것으로 보이지는 않으나 우리의 관심을 끄는 다양한 이론들에 직면해 있다. 우주에 대한 가정된 기원(즉 여전히 반향을 주고 있는 Big Bang설)을 따르는 과학자는 '천체의 조화'에 대해 더 이상 말하지 않는다. '폭발하는 우주'는 분명히 '초신성'의 효과를 기술하는데 더 유리하기 때문이다.

그리하여 이제 건축과 예술은 '부조화적인 조화'라고 하는 이러한 역설적인 견해를 표현하지 않을 수 없게 되었다. 그래서 포스트모던 작품들에서 '비대칭적 대칭', '어색한 비례', '조각난 순수성', '불완전한 전체' 또는 '부조화적인 통일성'과 같은 종류의 무수한 형태적 역설을 보게 됨은 결코 놀라운 일이 아니다. 실제로 모순어법(또는 재빠른 역설)의 수사학적 표현은 포스트모더니즘의 두드러진 사실 중 하나이다. 고전 및 근대건축에서 추구했던 '유기적 전체'처럼, 이제 '부조화적 조화'는 포스트모더니즘의 미적 특징을 이룬다.

b. 다원주의

'부조화적인 조화'만큼이나 강력하고 또 정당화되는 규칙은 문화적이고도 정치적인 다원주의(pluralism)이다. 1970년대 포스트모던의 근본적인 입장은 양식의 다양성, 차이의 찬양, 다름, 환원될 수 없는 이질성이었다. 건축에서 다원주의 양식의 표현은 서로 다른 취향의 문화와 그 분위기에 따른 기능을 나타내는 여러 언어가 혼합되는 철저한 절충주의이다. 여기서 수수께끼같은 비유와 암시적인 이야기는 모호함을 이유 있게 한다는 의미에서 열린 그리고 다원적인 형이상학을 반영하는 포스트모던의 두 가지 장르이다.

c. 의인관

포스트모던 건축에서는 잠재의식적 이미지로서의 의인관(anthropomorphism)이 자주 등장한다. 즉 인체를 연상시키는 장식과 파사드의 리듬을 합체시킴으로써 그 형태에 우리의 모습과 정신 상태를 투영하고자 한 것이다. 건축가와 예술가들이 그들의 작품에 대한 정당한 내용을 찾기에 어려웠던 시기에 인간의 모습은 종종 유효한 출발점이었다.

d. 상기(想起)

전통을 회복하고자 하는 노력은 종종 다소 부정적인 개작(parody), 모작 또는 향수적인 작품의 출현을 초래했지만, 그것은 또한 암시된 회상으로서의 상기(anamnesis)를 회복시켰다. Freud 이후 상기의 근원으로 내세우는 무의식은, 관련되고 대립된 이미지 조각들의 병치에 의한 작용이 그 특징이다. 우리는 옛 유물에서 그 어떤 관련성을 찾고자 한다. 그 이유는 비록 그것의 관계를 충분히 파악할 수는 없더라도 그것의 가능한 의미를 짐작할 수는 있기 때문이다.

e. 상호문맥성

포스트모던에서의 내용은 그것을 야기했던 다원적 사회만큼이나 다양하고 또 다기적(多岐的)이다. 따라서 거기에는 그 어떤 공통분모나 일관성, 또는 그 어떤 규칙은 분명히 없다. 그러나 다원주의를 통하여 다양한 의미를 갖게 되고, 수수께끼 같은 우의적(寓意的)인 방식으로 무수한 읽을거리를 준다는 것을 확인할 수는 있다. 따라서 그 나름의 의미를 만들기 위해 불연속적인 여러 텍스트의 결합 방식인 상호 문맥성(intertextuality)의 역할이 강조된다.

〈그림 7-2〉 인체를 연상시키는 고든 우 홀의 파사드
(건축가 : 벤츄리, 로시, 스콧 브라운)

f. 이중적 코드

포스트모던의 지배적인 인자는 아이러니, 모호함, 그리고 모순의 사용이라는 이중적 코드(double code)이다. 이는 이중적 의미 그리고 대립적 일치(coincidentia oppositorium)와 관계된다. 즉 'either … or' 대신에 'both … and'의 입장을 취하는 것을 말한다.

g. 다가치

여러 코드들이 일관된 방식으로 중첩될 때, 포스트모던이 추구하는 또 다른 특질, 즉 다가치(multi-valence)를 야기한다. 일원적 가치를 나타내는 건물 또는 최소주의적 작품은 일반적으로 배타적이고 자동

지시적이다. 이와는 반대로 다가치적 작품은 그 주위의 다양한 참조물과 관련사항들을 드러내 보인다. 주변의 포함은 의도적이며, 그것이 성공적일 때는 상징처럼 반향한다. 이러한 반향은 상호 연결되는 모든 일련의 형태, 색깔, 그리고 테마들로 이루어진다. 따라서 상호적 수정의 가능성은 다가치의 열쇠가 된다. 다가치의 즐거움과 이점은 우선 작품과 그것의 컨텍스트 간의 다수의 관계로부터 착상을 얻게 되는 끊임없는 재평가이다. 이러한 의미의 다양함은 포스트모던의 특성일 뿐만 아니라, 또한 좀 더 일반적으로 모든 포함적 예술의 특성이기도 하다. 작품이 반향한다면, 그것은 새로운 담론에 대한 영감을 끊임없이 주기 때문이다.

h. 추억과 연상

이러한 반향의 전제조건은 과거와의 복잡한 관계이다. 그 이유는 추억과 연상이 없으면, 복고주의적 충실한 복사가 그러하듯이, 건물은 그 의미가 빈곤해지기 때문이다. 포스트모던에서 상기, 역사적인 연속체, 인습의 이동 또는 재해석된 전통이 강조되는 것은 바로 이러한 사실에 연유한다. 포스트모던에 대한 대부분의 토의는 그림, 상형, 장식, 기념적인 것, 의인관 등 다양한 회귀(回歸)의 주위를 맴돈다. 그리고 이러한 회귀는 단순한 복사라고 하는 모방을 피하기 위해 다소간의 창조가 요구된다.

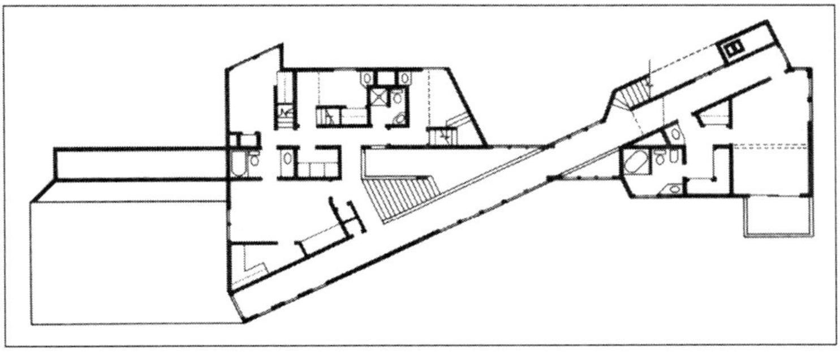

〈그림 7-3〉 공간적 교차 배어법에 근거한 평면의 예 (건축가 : 찰스 무어)

i. 수사학

과거의 인습을 부활시키는 또 다른 방식은 새로운 수사학적 모습을 고안하는데 있다. 그 중 중요한 것들은 역설과 모순어법, 과장, 아이러니, 절충적 또는 단편적 인용, 도치법, 교차배어법,[23] 생략법 등과 같은 것들이다.

j. 부재 중심으로의 회귀

부재 중심으로의 회귀(return to the absent center)는 포스트모던에서 우선시 되는 모습 중의 하나이다. 이러한 역설은 놀라운 것이며 동시에 무언가를 알려주는 것이다. 즉 그것은 공동체적 공간에 대한 갈망, 우리가 공유하는 것에 대해 완전히 승인될만한 찬양은 존재한다는 것, 그러나 그것을 완전하게 채울 수 있게 하는 것은 없다는 것을 고백하는 것이다. 이런 의미에서 포스트모던은 참으로 과거와의 관계에 있어 정신분열적이다. 즉 그것은 미래지향적이면서도 과거의 그 어떤 면을 간직하고자 바라고 있으며, 빈사상태에 이른 과거의 형식으로부터 벗어나기를 바라면서도 전통으로 그것을 회복하고자 집착하고 있는 것이다.

따라서 포스트모던이라는 배에서 지배하는 분위기는 인도를 찾아 나섰으나 다소의 운과 함께 아메리카를 발견하게 된 스페인 및 이탈리아 선원들의 분위기 그것이다. 즉 그것은 그들이 함께 지니고 간 문화적 짐 때문에 향수병에 괴로워했으나, 그럼에도 불구하고 새로운 자유를 누리게 됨을 몹시 기뻐하고 그리고 다가올 발견을 초조하게 기다리는 선원들의 분위기이다.

지금까지 언급한 이러한 규칙들은 이제 규명 가능한 형태와 방향을 회복하기 시작하였으며, 그래서 앞으로의 건물들은 더욱 더 고심하여

---

23) 변화반복법이라고도 함(예 : 먹기 위해서 사는 것이 아니라, 살기 위해서 먹는다). Charles Moor가 설계한 Stern House의 평면은 공간적 교차배어법에 의거한 예이다.

구상되어질 것이라는 생각을 할 수 있다. 포스트모던에서는 건축가와 건축주가 '컨텍스트'에 대한 자각을 함에 따라, 도시환경에서의 건설 규제는 긍정적인 방향으로 될 것이다. 그리고 예술은 그것의 '회귀'의 덕택으로 더욱 풍부해지고 동시에 더욱 접근 가능하게 된다. 그렇지만 규칙이 반드시 걸작을 낳게 하는 것은 아니다. 오히려 그것은 매우 빠르게 막다른 궁지, 불균형, 그리고 도시 문제를 야기할 수도 있다. 정통성에 대한 우리의 겸허한 태도 그리고 동시에 정통성을 창조의 선결 조건으로 하고자 하는 우리의 바람은 바로 여기에서 기인한다. 모든 것을 지나쳐버리면서 규칙을 조장하는 경향이 있기 때문이다.

포스트모던은 여전히 암중모색의 단계에 있다. 비록 그것의 미래를 예견하는 것은 불가능할지라도, 그것은 가까운 그리고 먼 과거와 동화하고, 그리고 인본주의적 전통을 함양함에 따라 다시금 그 깊이를 확실하게 취하게 될 것이다. 르네상스의 이상에 근거를 두었던 사회적, 정치적 그리고 경제적 실체로서의 모던은 이제 훨씬 더 복잡한 수준의 연속된 시장으로 통합되었다. 우리의 통신, 지식 및 제작방식은 전부는 아니더라도 그 어떤 스타일도 가능하게 한다. 절충주의가 최고조에 달했던 19세기보다도 더 우리는 인습을 선택하고 다듬는 자유를 누리게 되었다. 그리고 이러한 선택은 우리 자신의 내면과 동시에 외면을 바라보게끔 하였다. "사물은 해체된다. ; 중심은 유지될 수 없다"라고 한 W. B. Yeats의 말로 종종 요약되는 근대주의자의 궁지에 대응하여, 우리는 "사물은 모인다. ; 거기엔 중심이 아닌 연결이 있다"라는 변증법적 대답을 갖는다.

3. 모던의 재해석 : Neo-Modern

1) 근대건축의 회고

근대건축은 정말로 실패했는가? 그것은 오히려 건축가가 통제할 수 없는 또 다른 실패의 희생양은 아닌가? 그것은 오히려 전환기 사회의 도덕적 결여의 문제이다. 우리는 사회학자들이 '믿음체계'라고 말하는 것을 상실하였는데, 그 믿음체계란 그것 없이는 그 어떤 사회도 기능할 수 없는 우리의 행동과 열망을 이끄는 확신들이다.

이러한 믿음체계는 전혀 이례적인 것들이었다. 1918년부터 1960년대까지 우리는 사회적 정의, 인간과 우주의 완벽성, 그리고 행복한 삶을 주장하였다. 기계는 미와 유용성의 결합이 될 것이라는 것을 바우하우스는 우리에게 가르쳤다. 전 세계인을 위한 주거를 제공할 수 있으며, 그리고 도시에 질서를 부여할 수 있을 것으로 생각하였다.

각자는 미에 대한 권리를 갖고 있으며, 미는 윤리의 형태라는 것을 생각하였다. 유용한 것은 아름답고 선한 것이었으며, 그리고 선한 것은 모두를 위한 것이었다. 건강과 행복은 통합적인 건설의 당연한 귀결이었다. 새로운 미적 및 사회적 해결을 함에 있어 건축가는 필수적인 역할을 하여야만 했다. 돌이켜 보면, 그 시대의 열망들이 참으로 고지식한 것은 아니었던가하고 생각해 볼 수 있다.

오늘날 건축가들은 보호막을 다시 발견한다. 환원적 미의 굴레에서 벗어났기에, 그들은 태고로 거슬러 올라가는 기술적 가능성에 의해 현혹된다. 구세대는 이러한 새로운 방향을 이단으로 고발하나 젊은이들은 거기에서 프로젝트의 새로운 지평이 다시 열림을 본다. 그것이 무엇이든 간에 건축의 요소들은 새로운 결합으로 변환된다. 그 방법은 어디에서나 단호하게 지적이다.

그러나 그 모든 것은 좀 더 심오한 그 어떤 성질을 띠는데, 즉 감각의 추구, 깨졌던 건축과 인간 경험 간의 연결을 회복하고, 그것을 사회적 컨텍스트에 다시 위치시키고자 하는 배려가 그것이다. 따라서 안전하고 건강한 일터와 거주지의 창조만으로는 더 이상 충분하지 못하다. 이러한 야심은 적어도 처음의 모던만큼이나 큰 것이다. 그러나 그것은 또한 함정일 수도 있다. 그렇지만 적어도 우리의 건축적 아이디어가 정당한 회귀를 하고 있다는 것은 사실이다. 이제 건축은 단지 안식처, 부동산, 그리고 선의(善意)라고 하는 범주로부터 벗어난다.

인류 업적의 가시적 흔적에 문명의 추구라고 하는 지속적인 표시를 주는 것은 실용적인 것과 정신적인 것의 혼합이라는 것을 인정하고 있는 것이다.

2) 건축의 주제로서의 모던

모던은 경직된 과거의 교과서적인 건축으로부터 벗어나고자 한 운동으로, 건축을 보고 생각하는 방식을 변화시켰다. 즉 형태보다는 기능과 기술을 우선시 하였던 것이다. 그러나 기계적인 것과 순수한 이성을 중시한 모던은 감각적인 것과 우리의 미적 존재의 근거와의 관계를 상실하였다. 그리하여 모던의 거장들은 건축을 산업적 생산과 너무나도 동일시하였다. 그러나 건설의 새로운 기적은 제한된 매력만을 나타낼 뿐이다. 기술은 이제 더 이상 건축의 주제가 될 수 없다. 실제로 건축의 주제는 건축 그 자체이다.

건축적 추상은 모던의 거장들이 활동했던 시기의 첫 번째 유산이다. 그것은 우리로 하여금 여전히 인간 활동을 조직하고 해석하는 새로운 방법을 고안하도록 부추기고 있다. 데 스틸, 순수주의, 또는 러시아 구조주의처럼 매우 발전된 조형적 체계들은 건축이 포함하고 있는 생각들을 구현했는데, 그것은 공간의 시학(詩學)에 온통 그 방향을 맞추면서 기계의 문제를 다루었기 때문이다. 오늘날 추상을 지향하는 가장 설득력 있는 건축적 표현은 해체주의자들에게서 볼 수 있다. 그러나 지나치게 조각적(彫刻的)이고 지적 성향을 띠는 해체주의자들이 내세우는 개념적 접근은 특정한 장소와 스케일에 대한 물리적 고려가 거의 없다. 그들의 세계는 질서와 위계와는 무관한 정신 속에서만 오로지 존재한다.

이제 모던의 형태적 기반으로 여겨지는 것들을 확장하도록 해야 할 것이다. 20세기 건축가들은 고전적 프로젝트에서 돌파구를 열었고, 그리하여 근대적 정신은 건물의 체험이 더 이상 고정되지 않고 변하도록 자유롭게 그것을 누릴 수 있었다. 자유로운 평면, 내력벽으로부터 벗어난 자유로운 입면, 그리고 구조체와 피막 간의 구분은 언제나 새로운 가능성을 지닌 볼륨적 탐색을 조장하였다. 모던에 의해 제기된 형태적 전체의 가망성과 풍부함은 폭넓은 연구의 여지를 주고 있다.

Ⅷ. 해체주의 건축

오늘날의 사회는 거의 예측이 불가능할 정도로 변화가 심한 역동적인 사회이다. 이는 첨단 정보통신기술의 발달 및 바이오기술의 놀라운 발달로 이전과 다른 삶의 방식이 가능해졌을 뿐만 아니라, 근대논리에 의해 억압되었던 다양한 욕구의 분출로 다원화된 사회 및 다가치를 추구하는 사회가 되었기 때문이다.

이러한 사회적 맥락에서 건축에서의 변화를 살펴볼 때, 우선적으로 두드러지는 현상은 기능의 무상(無常)함이다. 즉 형태는 그대로인데 그 기능(용도)은 여러 가지로 바뀌는 현상을 우리는 어렵지 않게 볼 수 있다. 특히 도시적 컨텍스트에서 이러한 변화는 더욱 심하다. 그런데 이러한 기능의 변화에도 불구하고 별 문제가 없을 뿐만 아니라 어떤 경우에는 오히려 건물의 사용에 더 긍정적인 효과를 가질 수 있다. 이러한 사실에서 알 수 있는 것은 기능과 형태의 경직된 관계보다는 컨텍스트 속에서 건축의 생성 및 변화의 메커니즘에 주목해야 할 것과, 건물이 처해 있는 상황이란 언제나 고정적이지 않고 예측이 불가능할 정도로 매우 유동적이라는 것을 의미한다는 것이다. 따라서 '형태는 기능을 따른다'라고 하는 근대건축의 교리는 이제 더 이상 적용될 수 없다. 또한 구조 및 시공 기술의 발달로 건축의 형태는 그 어떤 것도 가능한 자유로운 형태를 취할 수 있게 되었다. 이러한 형태로부터의 해방으로 야기된 다양한 형태적 욕구의 분출은 근대논리에 의한 '의미의 부재'에서 '의미의 남발'을 초래하였다. 그런데 그 결과는 극과 극은 통한다는 말과 같이 아이러니컬하게도 의미를 논할 수 없는 지경이 된 것이다.

따라서 Vitruvius 이후 고려되어 왔던 기능, 구조, 형태(미)라고 하는 건축의 세 가지 기본적인 요건은 무의미해졌다. 이제 기존의 건축 개념 및 이론들로부터 탈피하여 건축의 본질 및 새로운 개념을 추구할 필요가 도래한 것이다. 해체주의의 등장은 바로 이러한 맥락에서 이해되어야 할 것이다. 그렇기 때문에 건축에서의 해체주의는 그 시작부터 매우 격렬한 논의를 야기하였다. 철학과 문학에 대단한 소양을 갖춘 Jacque Derrida 그 자신조차도 이러한 형태의 생각이 다른 분야에 급속히 스며드는 것에 몹시 놀랐다. 해체주의가 건축 분야에 들어오게 된 것은, 건축가이며 이론가인 Peter Eisenman과 Bernard Tschumi와 같은 사람들의 노력 덕택이다.

Peter Eisenman과 Bernard Tschumi는 많은 공통점이 있었지만, 건축적 사고의 출발점은 달랐다. Eisenman의 건축적 구문법은 Vitruvius 이후 건축의 세 가지 규범적 용어(즉 구조, 기능, 형태)와 관련하여 볼 때, 특정한 방식으로 이루어졌다. 즉 지나치게 기능에 집착하는 것을 거부하면서 그는 형태의 구조를 연구하였다. Tschumi는 즉각 이러한 생각을 거부하였다. 20세기 말 상황에서 구조는 더 이상 문제가 되지 않는다. 이제 이전에는 생각할 수 없었던 건물을 실현할 수 있게 되었다. 따라서 더 이상 구조나 시공 조건은 건축을 결정하지 못하고 뒤따를 뿐이다. 그러므로 Tschumi에게 있어 기능주의와 형식주의에 대한 논란은 회의적인 논의일 뿐이다. 그리하여 그는 미래의 건축이 근거하게 될 새로운 개념을 찾고자 하였다.

1. Peter Eisenman의 건축적 사고

Peter Eisenman은 온갖 외생적 군더더기를 제거한 건축 그 고유의 특성만을 고려하는 건축 그 자체를 추구하고자 하였다. 그는 형태, 기능, 구조 및 상징을 고려하는 디자이너로서의 인간뿐만 아니라 지어진 공간에 살게 될 이용자로서의 인간을 배제한 자동지시적(autoreferential) 순수한 건축적 실체를 추구하였다. 그는 "나의 건축은 아무것도 나타내지 않고, 아무것도 말하지 않는다. 그 자체만을 참조할 뿐이다. ; 그것은 그 자체의 기호요, 그 고유의 출현이다."라고 말함으로써 고유한 오브제로서의 건축의 자율성을 찬양하기에 이른다. 그리하여 그의 접근 태도는 비인본주의적으로, 추상적인 수학적 논리로 접근하였다.

1) 개념적 건축

소위 'cardboard architecture'이라고 불리는 House-Ⅰ에서 House-Ⅷ까지의 일련의 난해한 실험적 주택계획안들을 통하여 Eisenman은 각별한 공간적 관계를 세우고자 시도하였다. 예컨대 House-I에서는 이중구조를, House-Ⅱ에서는 점-선-면의 관계를, House-Ⅲ에서는 성질이 다른 두 개의 기하학적 구성요소를 45도 비틀기를, House-Ⅵ에서는 전도를 시도하였으며, 그리고 일련의 기하학적 변형(예 이동, 회전, 대칭, 둘로 나누기, 더하기, 빼기 등)을 시도하면서 그것의 연속적인 변형을 엑소노메트릭으로 표현하였다.

따라서 그 형태는 구성적 질서, 기능적 필요성, 의미의 표현의지에 의한 결과가 아니라 논리적 일관성을 이루기 위한 결과이다. 그런데 여기서의 형태적 논리는 일반인들의 상식적 판단과는 거리가 먼 건축가 개인적인 것이어서 엑소노메트릭으로 표현된 각각의 주택에서의 일련의 기하학적 변형은 매우 이해하기 어려운 것이었다.

여기서 형태적 논리라는 용어는 형태의 논리가 아닌 수학적 논리의 한 갈래와 관련이 있는 것으로써, 그 어떤 의미론적 고려가 개입됨이 없이 구문론적 규칙을 잘 적용함으로써 참된 가치가 생겨나는 논리이다. 즉 건축 형태가 스스로 생성하면서 역동적으로 변형되어가는 논리체계를 찾고자 하였던 것이었다. 이 점에 있어 Eisenman은 구조주의적 영향, 특히 언어의 구문론적 분석 및 형태 구조와 생성변형문법에 대해 연구한 Noam Chomsky의 영향을 받았다고 볼 수 있다. 이러한 영향으로 Eisenman은 건축에서의 모든 의미론적 또는 상징적 가치를 거부하였다. 이제 개념 과정의 목표는 '형태에 의미를 주는' 전통적인 의지에서 '형태의 구조'를 단순히 드러내는 것으로 되어야만 한다고 그는 생각하였다. 이는 건물이 존재하고 싶은 것을 이루어지게 하는 산파(産婆)로서의 건축가라고 하는 Khan의 접근태도와 이상하리만치 매우 비슷하다.

그리하여 1976년 인터뷰에서, 건축 형태는 건축가의 정신에서 형성된 이미지라기보다는 존재 고유의 잠재성으로부터 끌어내는 것이라고 말함으로써 디자이너로서의 전통적인 건축가 개념을 부정한다. 따라서 그에 의하면 컨셉은 이미 구상된 이미지 그 어떤 것이 아니라 잠재적인 것으로 여겨진다. 그래서 건축가의 역할은 묻힌 구조를 발견함으로써 컨셉이 스스로 드러나게 하고, 그 고유의 출현과정을 표명하게 하는 지질학자와 같다고 하였다. 이러한 그의 태도는 '컨셉의 논리적 과정을 통해' 포착된 공간적 잠재성을 현실(즉 건축물)로 드러나게 하는 '不在의 存在(the presence of the absence)'를 나타내고 있다. 즉 부재의 존재란 보이지 않는, 감추어져 있는, 드러나지 않고 있는 잠재적인 그 어떤 것을 드러나게 하는 것을 말한다. 그는 형태의 출현을 구성요소인 수평면, 수직면 및 볼륨들을 한꺼번에 볼 수 있는 엑소노메트릭을 통하여 체계적으로 보여주었고, 또한 De Stijl운동의 몇몇 그림과 매우 유사한 추상적 모습으로 디자이너로서의 건축가 및 이용자의 의미 및 의도의 부재를 기하학적으로 표현하였다.

2) 자동지시

Eisenman에게서 Le Corbusier나 De Stijl운동과 비슷한 태도를 어렵지 않게 볼 수 있다. 그는 19세기 말과 20세기 초에 이제까지 건축에서 탐색되지 않았던 인본주의와는 다른 문화적 태도인 진정한 모더니즘의 전제가 등장함을 말하면서, 이러한 전제에 되돌아갈 수 있음을 그리고 이러한 차이에서 근대주의자의 건축의 기반을 제안할 수 있는 몇몇 어떤 것들이 있지는 않았나 하는 것을 볼 것을 주장한다. 예컨대 Le Corbusier의 도미노 주택에 대한 Eisenman의 분석은 근대성의 진정한 표시인 Corbusier의 도식에 대해 밝히고 있다. 즉 Eisenman에 의하면 이전의 건축이 인간, 자연, 인간과 우주에 대한 관계를 참조하였음에 반하여, Corbusier의 도식은 건축 그 자체에 대해서만 말하는 자동 지시적 사인이라는 것이다. 바위를 연상케 하는 벽의 조각무늬, 인간 모습의 특징을 담고 있는 기둥이 아니라 이제 그 자체만을 참조하는 벽과 기둥이 필요하게 된 것이다. 이제 오브제와 창조자나 이용자와의 관계를 그렇게 수정함으로써, 인간에 의한 창조가 아닌 오브제의 조건에 의해서만 이루어지는 오브제를 만드는 것이다.

따라서 그에게 있어 건축은 기하학, 구조(시공), 기능적 필요성의 충족, 또는 상징적 표현과 구별된다. 그것은 순전히 건축적 의도일 뿐이다. 그리하여 그는 "나의 우주(세계)는 본질적으로 중립화의 시도이고, 따라서 문화의 공간을 넘어서는 탐색이기 때문에 나의 우주에 들어오지 않는 것은 개념(notion)이다"라고 말한다.

3) 개념과 인지의 구분

건축은 건축 그 자체로부터라고 하는 자동 지시적 태도에 의거하여 그는 건축가의 개념과 사용자(또는 주민)의 인지를 구분하여 생각하였다. 이제 건축가는 자신의 개념에 충실하면 그 뿐, 사용자의 인지는 무시해도 상관없게 되었다. 이러한 생각은 오랫동안 당연하게 여겨져 왔던 건축적 원형과의 단절을 의미한다. 이제 고정관념과 편견으로부터 그리고 당연히 여겨져 왔던 것들로부터 벗어나야 한다. 그리하여 그의 일련의 실험적 주택에서는 칸막이벽, 상하, 내외, 앞뒤, 기능과 구조 등의 관계에 전도(顚倒)가 일어나게 된다. 이러한 전도는 근대건축의 전형인 Corbusier의 빌라 사보이에서도 볼 수 있다. 빌라 사보이에서 볼 수 있는 전도 예는 전통적으로 당연히 사용되어왔던 일층을 필로티로 띄우고, 그때까지 사용하지 않았던 옥상을 사용하는 것과 같은 것 등이다. 그러나 Corbusier의 경우는 그러한 전도가 과거의 건축보다 더 나은 건축으로서 우월함의 표현이었다면, Eisenamn의 경우 인간의 보다 나은 삶을 위한 건축이라기보다는 자기 즐김, 자기만족의 쾌락적이고 유희적인 표현이었다(주민의 입장에서는 불편과 고역, 고통이었지만).

따라서 그의 합리성이란 인류의 발전을 위한 좋은 의도라기보다는 수학적인 것(형태적 논리와 기하학)에 의거한 공간의 추상적 개념화이고 오로지 그 자체만을 참조할 뿐이다. 그러므로 그것은 이상적이고 안심할 수 있고 기운을 돋우어 주는 구성으로 이끄는 게 아니라, 프로세스의 추구, 불안정과 비물질화, 조각의 개념, 그리고 프로세스를 위해 오브제의 평가절하로 이끈다.

이제 건축의 기존 관념은 해체 및 분열되어 수학적(즉 추상적) 논리에 의해 재조립될 뿐이다. 이는 시인 이상(李箱)의 시에서 볼 수 있는 부조리, 분열, 해체를 표현한 난해한 작품세계와 그것을 통한 자기희열 및 자기만족과 일맥상통한다고도 볼 수 있다.

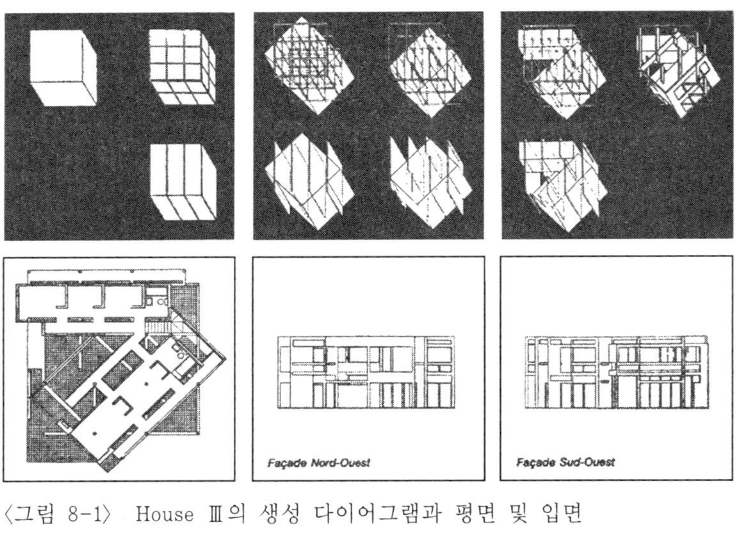

〈그림 8-1〉 House Ⅲ의 생성 다이어그램과 평면 및 입면

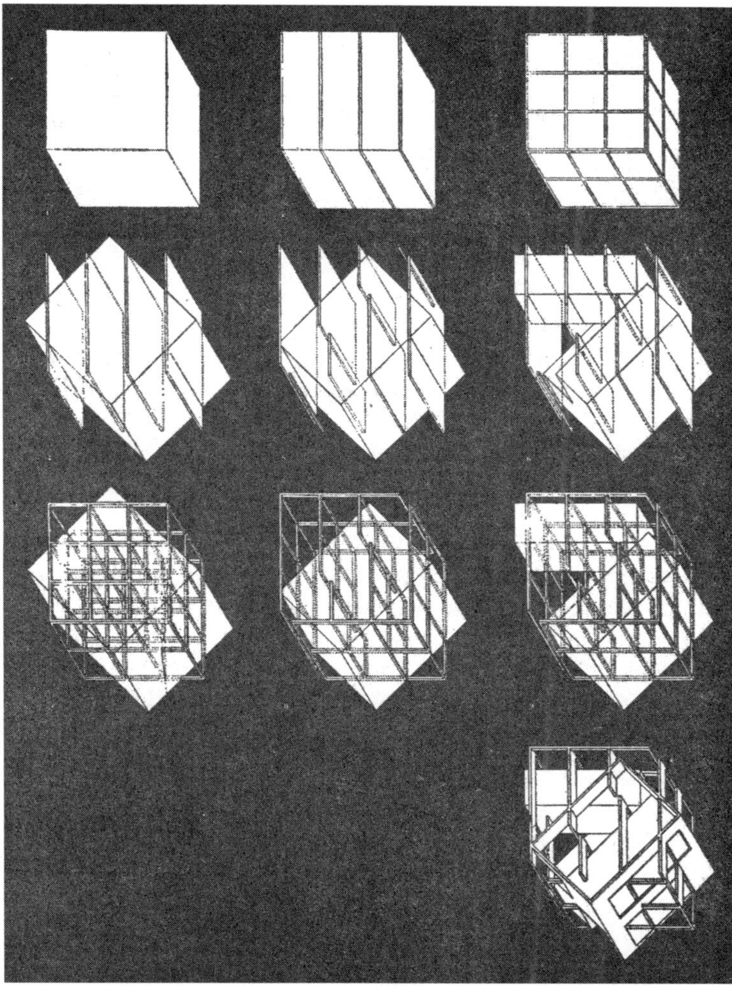

〈그림 8-2〉 House Ⅲ의 생성 다이어그램

〈그림 8-3〉 House Ⅲ

〈그림 8-4〉 House Ⅵ

4) 분해

House-X부터 Eisenamn은 육면체 내에서 일련의 기하학적 변형

(transformation)을 그만두고 과정의 기억을 고스란히 보전하면서 복잡한 결과를 도출하기에 이른다. 그는 분해라고 하는 방식을 취한다. 이제 예측 가능한 목표를 향해 작업하기보다는 그 고유의 한계를 찾기 위해 끝에서 시작하게 된다. 이러한 조건에서는 논리적-수학적 도구는 더 이상 이전과 같을 수 없게 되어, 건축가는 비선형적 논리에 의거해야만 하는데, 이는 다루기가 더 어렵고 그리고 우연과 무질서가 개입되게 된다.

분해 과정의 주된 생각은 개념작용(conception)과 인지작용(perception)은 연속적이 아니라는 점이다. 개념과 인지가 선형적 방식의 질서 속에서 연속적으로 일어나는 변형과는 달리, 분해는 분명히 개념작용에 대해서 뿐만 아니라 인지작용에 대해서도 무질서한 방식으로 생겨난다. 그래서 제단계가 명확하게 예측가능하지도 그리고 원인과 결과가 논리적으로 연결되지도 않는 과정이 된다. 그리하여 최종적 오브제가 그 고유의 이야기를 기술하고 있다는 것은 확실치 않다. 여하튼 그는 이러한 생각을 일련의 엑소노메트릭으로 표현하게 된다.

불안정화 그리고 또한 비물질화가 그의 작품을 만들게 하였다. 왜냐하면 House X, XIa, El Even Odd, 그리고 Fin d'Ou T Hou S는 지어지지 않았기 때문이다. 이는 전혀 놀랄 일이 아니다. House XIa는 전도(inversion)라고 하는 생각을 표현한 House VI의 극단적 표현이다. 그리하여 1/4이 빠진 입방체로부터 안과 밖이 없는 위상학적 기형인 일종의 'Klein의 병(Klein bottle)'과 같은 건축을 제안하는데, 그것은 매우 비상한 솜씨이다.[24)]

House El Even Odd는 오브제와 표현간의 관계를 뒤집고 있다. 그래서 엑소노메트릭이 볼륨을 나타내는 데에 기여하는 것이 아니라, 오히

---

24) 클라인 병은 1882년 독일의 수학자 F. Klein이 발견한 것으로, 기본적인 3차원 공간의 조건을 만족하지 못한다. 그림 8-6에서 보듯이 내외부가 모두 한 공간에 연결되어 있다. 즉 입구에 물을 부으면 입구로 물이 흘러나온다. 이것이 의미하는 것은 닫힌 공간이 존재하지 않는 것임을 의미한다. 즉 입구와 출구가 하나인 입체가 되는 것이다.

려 건축적 오브제가 엑소노메트릭의 형상을 3차원 공간에서 설명하고자 하고 있다. 집을 찾아내다(find out the house), 프로젝트를 완성한 날을 나타내는 8월말(fin d'aout), 그리고 안/밖(in/out), 집(house/housse) 등을 나타내는 다의적이고 다언어적이고 익살스런 Fin d'Ou T Hou S는 인간과 의미를 부정하고자 했기에 결과적으로 소통이 불가능한 의미의 상실로 끝나는 한 인간의 태도를 나타낸다(즉 닫힌 체계).

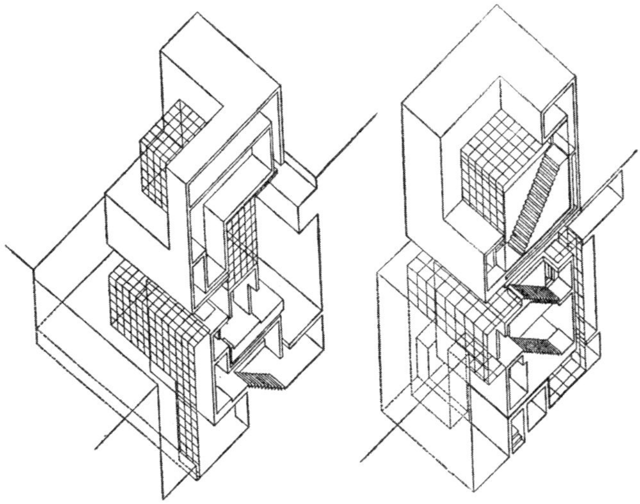

〈그림 8-5〉 House XIa의 엑소노메트릭

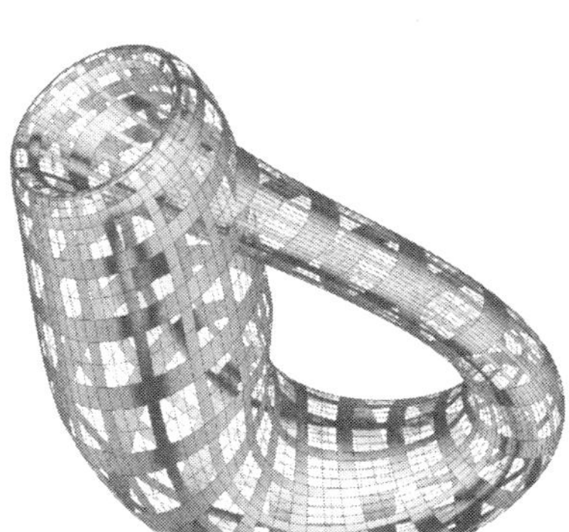

〈그림 8-6〉 클라인 병

2. Bernard Tschumi의 건축적 사고

Peter Eisenman이 모든 의도 및 의미가 배제된 순수한 건축 그 자체의 생성 메커니즘에 주목했다면, Bernard Tschumi는 건축의 생성과 변화의 복잡성과 우연성 그리고 컨텍스트(특히 도시) 내에서의 존재 방식의 다양성에 눈을 돌리고 있다는 점에서 접근 방식의 근본적인 차이를 엿볼 수 있다.

사실 이상적으로 말한다면, '모든 터(site)에는 거기에 가장 잘 맞는 이상적인 용도(즉 기능)가 있으며, 또 모든 용도에는 거기에 가장 잘 맞는 이상적인 터가 있다'고 할 수 있다. 그러나 이는 전혀 현실적이지 못하다. 변화가 거의 없었던 과거에서조차도 이러한 이상적인 용도가 무엇이고 그것에 가장 잘 맞는 이상적인 터가 어디라고 한 가지로 결정한다는 것은 무리였지만, 오늘날과 같이 변화가 심하고 이해관계가 복잡하게 얽혀 있는 상황에서 이러한 가정은 더더욱 무리가 간다. 결국 어디에 어떤 용도를 수행하는 건축적 오브제를 실현한다는 것은 주어진 제한된 상황 속에서 그때그때 필요에 따라 전략적으로 최선의 선택을 하게 될 뿐이다. 그런데 이러한 선택 역시 그대로 고정되는 것이 아니라, 또한 상황이 변하면 다른 곳으로 다른 기능으로 변하기도 한다. 이러한 현상은 특히 그 변화가 심한 오늘날의 도시에서 자주 볼 수 있다. 또한 건축의 형태가 더 이상 구조적 제약을 받지 않게 되고, 건축의 미적 가치 역시 더 이상 이상적인 비례에 의한 조화와 균형이 아닌 주어진 관계 속에서의 상대적 가치로 평가되고 있다. 따라서 이제 기능, 구조, 형태(미)라고 하는 종래의 관점은 그 의미가 없게 되었다. 모든 것이 상황적이고 가변적이기 때문이다. 이제 건축은 역동적인 상황 속에서 그 어떤 계기를 통하여 존재하게 되는 하나의 오브제일 뿐인 것이다.

이런 맥락에서 볼 때, 건축에 대한 종래의 정의 및 이론에서 벗어나 건축의 생성 및 변화와 그 존재 방식과 관련하여 새로운 어휘로 새로운 건축적 개념을 추구한 라 빌레뜨 공원 현상설계 당선자인 Tschumi

의 건축적 사고는 주목할 만하다. 그는 위계와 구성적 질서와 같은 전통적인 기법을 거부하고 새로운 방법을 모색했는데, 그것은 용도와는 무관하게 존재할 수 있는 조직체계, 중심이나 위계가 없는 구조, 그리고 프로그램과 건축 간의 통상적인 관계를 쉽게 추정할 수 없는 구조를 찾아내는 것이었다.

따라서 그의 야심은 움직임, 오브제 그리고 사건이 필연적으로 건축의 최소한의 정의의 일부가 된다는 것을 고려하는 것이며, 오늘날 용도와 형태 그리고 사회적 가치 사이의 괴리를 고려하는 것이며, 움직임, 오브제, 그리고 사건이라는 건축적 카테고리는 상호 교환적이면서 갈등적 관계로써 고려하는 것이다.

움직임, 건축적 오브제(또는 공간), 사건(명백히 프로그램의 기능적 방침 및 용도를 포함하여)은 다른 것과는 양립하거나 화해할 수 없는 각기 그 고유의 논리를 갖고 있다. 그래서 Tschumi의 작업은 한 장소에서의 그것의 대조나 대결로서의 건축을 이해함에 있다. 그렇지만 이는 새로운 합성을 발견하고자 하는 것은 아니다. 그 반대로 무차별, 보강, 또는 갈등의 새로운 관계 속에서 역동적인 방식으로 모순을 유지할 수 있는 것을 찾고자 했다.[25)]

1) 조합과 중첩

통합적인 거창한 체계가 마땅치 않게 된 조각나고 분열된 오늘날의 세상에서는 고전적 구성(즉 바로크의 연계성)은 더 이상 의미가 없다. 반대로 Emil Kaufman이 고전주의의 옛 규칙과 대조한 근대 기능주의의 나열(즉 근대운동의 자율성)은 이제 건축과 도시의 형태의 생산을

---

25) 그것들 간의 어떤 것이 필연적으로 다른 것에 종속됨이 없이 이러한 갈등적인 면을 고려하기 위해서, Tschumi는 건축적 사고 그 자체를 한정하는 건축의 전통적인 언어의 한계로부터 벗어나고자 하였다. 그래서 영화, 문학 또는 철학 같은 다양한 분야에서 현실을 이해하는 다른 개념 및 다른 방식을 끌어내고자 했다.

조직하게 하는 다른 규칙이 없는 한 급격히 부질없는 임의와 무정부적 산재(散在)로 될 것이다.

Tschumi에게 있어 이제 건축의 새로운 규칙들은 Eisenman과 마찬가지로 논리적-수학적 영역으로부터 세워져야만 했다. 모든 형태는 조합의 결과라는 것을 그는 보여주고자 하였다. 그것은 해체-재건에 의해 생겨나고 일련의 변형에 의거하는 프로그램적이고 또한 형태적인 조합을 말한다.

건축이 변형의 복잡한 과정 일부가 되도록 하기 위해, 결코 처음부터 예측가능하지 않도록 하기 위해, 그리고 조합의 놀음이 온갖 의미론적 의도에서 해방되기 위해서는 변형의 오퍼레이션은 기계적이어야 한다. 그리고 순전히 구문론적인 이러한 방식에 의해 변형 전체는 최종 이미지만큼이나 중요하다.

라 빌레뜨의 폴리(folie)는 이를 보여주고 있다.[26] 연속적인 세 개의 도식이 보여주는 것처럼, 그것은 공터에 지어진 또는 덮인 면의 파열과 조각으로부터 생겨난다. 그러나 이러한 파열은 끌어들이는 zone을 야기하는 점(folie)들의 망에 의해 규제된다. 이러한 점괄적 망은 공간 및 강도를 분절함으로써 공원에서 사람들의 다양한 활동과 사건을 생성시키고자 하는 전략적 도구이다. 점괄적 망은 자석처럼 파열된 프로그램의 조각들을 집결시키는 역할을 하는 일련의 정착점을 형성한다.[27]

---

26) Folie는 프랑스어로 광기, 미친 짓, 비정상적인 것 등을 의미한다. Folie는 Michel Foucault가 그의 책 〈정신병과 심리학〉에서 사용한 용어로 理性에 대하는 것이다. 그러나 어떤 사회에서는 미치광이로 여겨지는 행동(즉 folie)이 다른 사회에서는 예언자나 지도자적 자질로 추앙받을 수도 있는 것처럼, folie는 알 수 없는 어둠의 영역이요, 非知의 세계이다. 따라서 돌파구가 될 수도 있고 그 어떤 것이 일어날 수 있는 거점도 될 수 있다. 라 빌레뜨에서의 folie는 이런 의미로 이해하여야 할 것이다.

27) 라 빌레뜨에서 folie의 형태는 한 변의 길이가 10m인 정육면체를 기본으로 하여 만들어진 붉은색 구조물로서 프로그램의 요구에 따라 다양하게 변형될 수 있도록 형태적 가변성을 지니고 있다. 폴리의 다양한 변형의 메커니즘은 교차, 반복, 뒤틀음, 압축, 회전, 삽입, 점도, 치환 등과 같은 것이다.

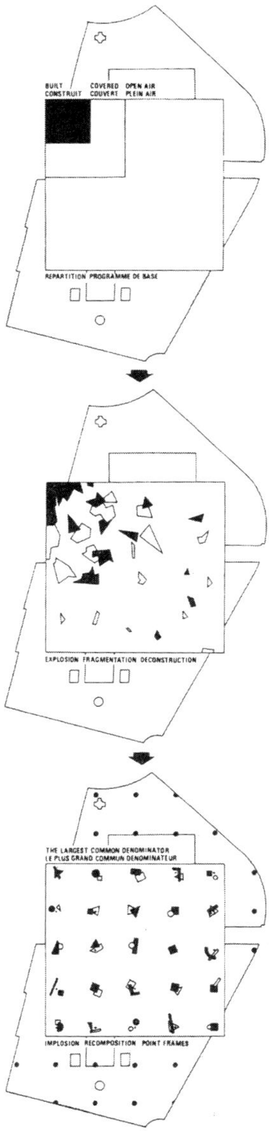

〈그림 8-7〉 라 빌레뜨 공원 프로젝트에서 프로그램적 해체

그것은 위계와 구성적 질서가 뚜렷한 사전에 잘 짜여진 배치라고 하는 전통적인 개념을 거부한다. 그렇지만 폴리들이 혼돈이나 무질서를 의미하는 것은 아니다. 그것은 명백히 새로운 질서를 구축하지는 않지만, 우연적인 이벤트를 유발한다. 그러므로 하나의 도식으로서 또는 제기된 문제에 대한 기본적인 해결로서의 점괄적인 망은 우연적인 이벤트들에 의해 그 틀이 깨지는 이탈을 겪게 된다. 왜냐하면 주어진 상황은 항상 안정적이고 고정적인 것이 아니라 언제나 예기치 못한 내적 외적 갈등과 모순의 출현에 의해 불안정하고 가변적인 상황이 될 수 있기 때문이다.

그러므로 사건과 움직임을 나타내는 공원 전체의 갈등적 통일을 회복하기 위해 Tschumi는 중첩에 호소한다. 여기서 다시 점(폴리), 선(갤러리, 산책) 그리고 면(정원, 피크닉 및 놀이터 등)이 등장한다. 언제나 다른 것을 야기하는 끝없는 해결책인 조합처럼, 중첩은 그 효과에 관한 한 어느 정도 통제 불가능하고 예측불가능하다. 그러므로 예상과는 다른 흐름이 생겨날 수도 있다. 점, 선, 면이라고 하는 세 가지 타입의 공간의 중첩으로부터 생겨나는 대조는 전혀 의외의 방식으로 관리될 수도 있는 것이다. 따라서 명백한 또는 은밀한 방식으로 다차원적인 관계 속에서 건축을 추구하고자 한 Tschumi는 정확히 다양한 가능성 및 잠재성 속에서 이러한 개방적 태도를 취했던 것이다.

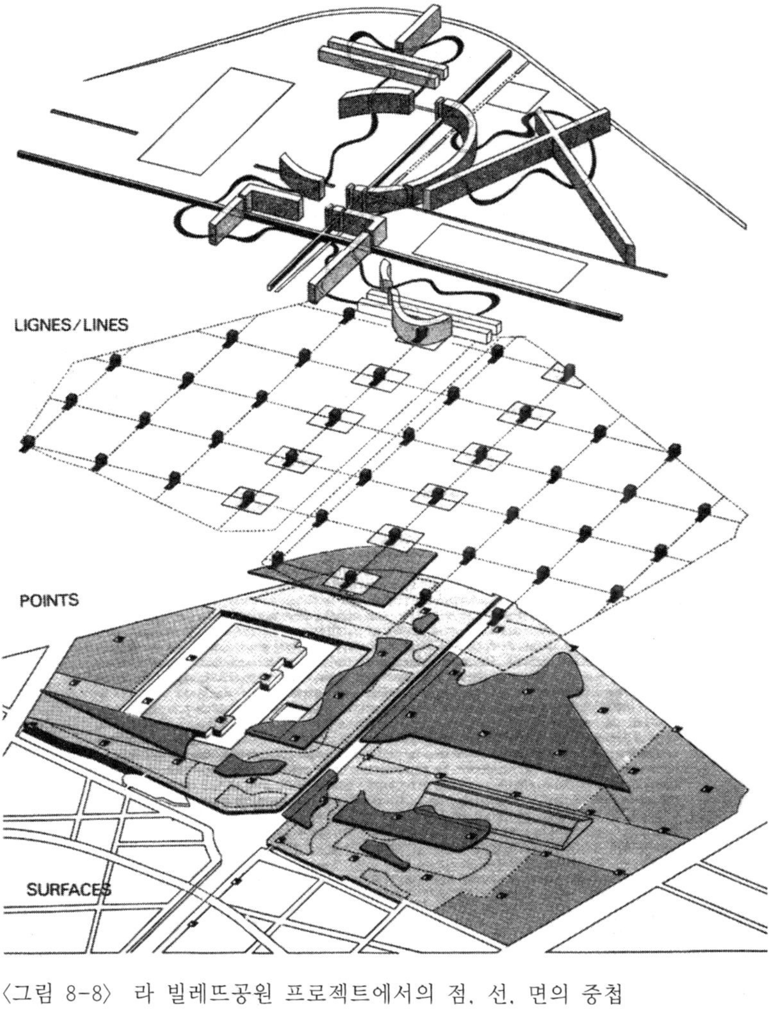

〈그림 8-8〉 라 빌레뜨공원 프로젝트에서의 점, 선, 면의 중첩

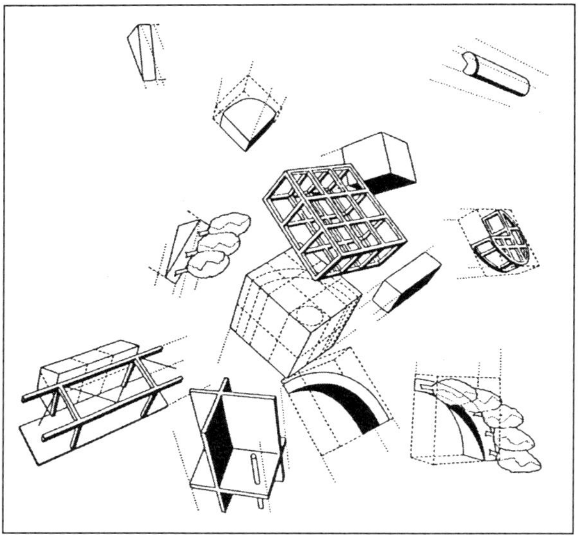

〈그림 8-9〉 folie의 개념도

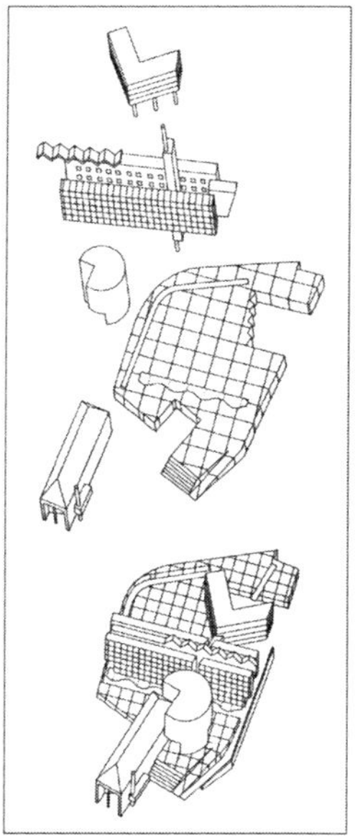

〈그림 8-10〉 호텔 계획을 위한 다이어그램

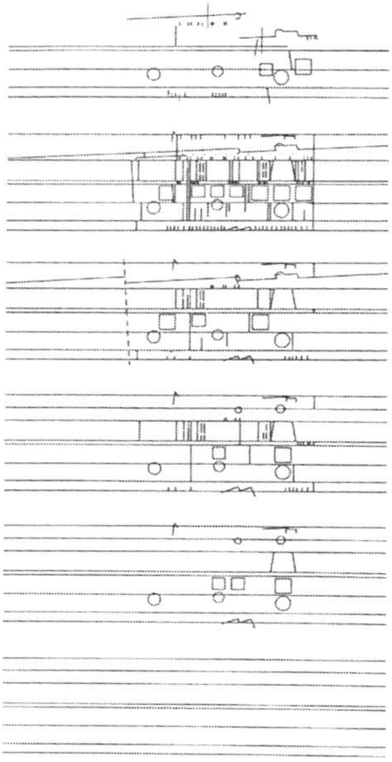

〈그림 8-11〉 도쿄 오페라 계획을 위한 다이어그램

2) 시퀀스

예측하기 어려운 다양하고 복잡한 작용으로부터 나오는 그러한 비결정(非決定)을 책임진다는 것은 결국 지어진 공간에 시간적 차원을 통합하는 것이 된다. 그것은 시간 속에서 나타날 수 있는 변화와 우연성 그리고 그로 인하여 생겨날 수 있는 이런 저런 갈등과 모순을 고려하는 것이다. Tschumi에 의하면 건축에서의 시간적 차원은 개념에서, 병치에서, 그리고 사건과 행동의 연속에서라고 하는 세 가지 수준으로 개입된다. 물론 앞에서 이미 언급한 세 가지 기본 사항(즉 오브제, 움직임, 사건)은 함께 고려된다. 그리하여 Tschumi는 시간적 차원의 통합을 고려하기 위해 시퀀스(sequence)라는 개념을 발전시켰다. 시퀀스에는 세 가지가 있는데, 변형의 시퀀스, 공간적 시퀀스, 그리고 프로그램적 시퀀스가 그것이다.

첫 번째 변형의 시퀀스는 이미 위에서 언급된 바 있다. 그것은 건축가의 개념 방법과 연결된 내적 특성을 지니고 있다. 그래서 라 빌레뜨의 폴리에 관해서 말한다면 일련의 엑소노메트릭 또는 일탈의 도식은 그 표현이다. 폴리는 20세기 초의 구성주의자들의 오브제와는 달리, 개인적인 오브제가 아니다. 그것은 일련의 움직임에 참여한다(길, 조각들의 연결 공간).

곧은 또는 구불구불한 통로를 따라 이루어지는 공간적 시퀀스는 영화의 영상배치와 같은 역할을 한다. 여기엔 각종 영상 촬영 및 배치 기법이 고려된다. 건축은 더 이상 특정한 각도에서 보여지는 고정된 이미지가 아니다. 움직이면서 경험되어지는 것이다.

그렇지만 공간적 시퀀스에 프로그램적 시퀀스가 개입된다. 이는 앞선 것과 무관할 수도 있고 모순이 될 수도 있다. 그러나 이러한 대립은 진화적이다. 그리고 건축은 한 가지 방향이 아닌 예측가능하지 않은 방향으로 발전된다. 조각조각, 상대적 자율성을 갖고, 다방향으로 발전 이행된다. 그러므로 시퀀스는 예측할 수 없는 불가해한 모든 변화를 고려하는 열린 과정이다. 감정 및 비합리적인 것도 포함하는 열린 과정이다. 이러한 태도는 필연적으로 건축에서의 의미, 의미론적 및 상징적 가치의 문제와 결부된다.

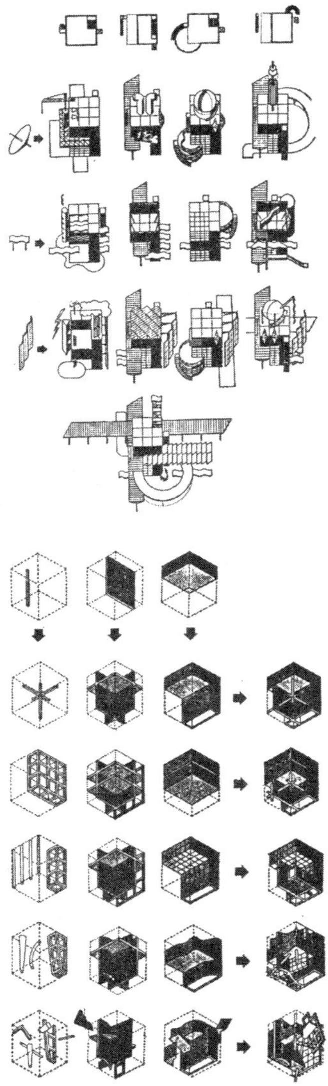

〈그림 8-12〉 볼륨의 조합

3) 의미의 거부

Eisenman과 Tschumi 두 사람 모두 시니퓌앙과 시니퓌에 간의 단절을 그리고 의미와 상징의 거부를 찬양한다. 그들에게 있어 형태에 의해 의미를 낳게 하고자 하는 것은 공상적이고 부적절하며 어리석은 것이 된다.

따라서 추상은 의지할 수 있는 것으로 나타난다.[28] 어째서 추상인가? 분명 온갖 외적 우연성(건축가가 가소로운 방식으로만 일반적으로 대응할 수밖에 없는 지리적, 경제적, 사회적 컨텍스트)을 벗어나는 창조적 지성의 그 어떤 절대적 우위를 강조하기 위해서이다. 그렇기 때문에 이제 의미적인 것은 오브제의 특정한 속성이 아니라 오히려 그 추상의 인위성, 즉 오브제가 의거하는 시스템의 절대적 완전함인 것이다. 따라서 폴리와 그 망은 만들어진 형태이고, 추상(여기서는 점, 선, 면)은 기존의 주어진 것(터, 구속조건 등)을 점차적으로 대체하게 되는 과정의 산물이다.

건축가에게 있어 추상은 많은 차원이 개입되어 있어 정복할 수 없는, 그리하여 의미론적 견지에서 아무것도 부여할 수 없는 컨텍스트로부터 벗어나는 방식이다. 추상이 이끄는 이런 종류의 중립성은 기계의 중립성을 생각나게 한다. 여기서 20세기 초 유산의 역할은 결정적이다.

그렇지만 이런 건축의 인위성, 순수한 지적 구성의 특성은 기계의 열매(바람직하지도 않음)가 아니라 적극적 주체와 창조자의 열매(결과)이다. 추상적 완전함의 연구는 건축가의 즐거움(쾌락)과 관련되는데, 이는 어려운 추측을 해결하는 수학자의 즐거움이나 새로운 개념

---

28) 서구사회가 이성을 잃고 문명이 감각을 잃었던 제1차 세계대전 기간 중 그리고 직후, 예술적 아방가르드들 역시 추상으로 눈을 돌렸고 (Mondrian과 De Stijl, Kandinsky와 이후 바우하우스 일부, Malevitch와 미술절대주의, Tatline과 몇몇 구성주의 등), 그리고 폴리에 대한 다른 시각으로부터 무의식의 탐색(Andre Breton과 초현실주의자 그룹)에 눈을 돌렸다는 것을 생각하면 이는 단순한 우연의 일치는 아니다.

을 고안해내는 철학자의 즐거움과 매우 유사하다. 건축의 즐거움은 게다가 Tschumi가 발표한 이론적인 글 〈건축의 즐거움 : 지성과 발명을 가지고 아이디어나 개념을 표현하면서 건축이 공간의 갈망을 만족할 때〉의 제목이기도 하다. 그러나 그러한 즐거움은 Eisenman이 말하는 건축가에게만 관련된 그것과는 본질적으로 다른 건축가와 이용자에 의해 공유되는 성향이 있다.

두 사람에게 공통적인 외생적 의미의 부재는 그러나 상반된 입장을 취하게 한다. Eisenman에게 건축은 그 자체를 성찰하여야만 한다. 의미론적 또는 상징적 의지가 배제된 자동지시적 기호의 사용으로 시간을 초월하는 형태의 구조를 드러내게 하여야만 한다. 이와는 반대로 Tschumi에게 있어 건축적 오브제의 자율성은 시간적 차원을 통합하도록 하여야만 한다. 그러기 위해서는 이용과 사회적 가치의 진화에 따라 생겨나는 의미의 다양성에 문을 열어 놓아야 한다.

4) 정보와 의미

두 사람의 건축 분석을 함에 있어 적절한 도구가 될 수 있는 정보이론을 잠시 살펴보자. 컴퓨터의 기초가 되는 의미가 없는 기호 즉 바이트(0과 1)를 생각해 보자. 바이트는 그 어떤 고유의미를 지니고 있지 않다. 그리고 그것의 그 어떤 창조나 생성 방식도 설명해주지 않는다. 그것은 단지 두 가지 가능성 중 하나를 나타낼 뿐 그 이상이 아니다.

이것이 정보를 옮기고, 저장하고, 처리하는 데에 충분할지라도—예컨대 콤팩트디스크에 담은 음악을 생각한다면— 그렇지만 커뮤니케이션을 규정할 수 있는 다른 수준의 정보를 도입해야만 한다. 일정한 인습에 의거하여 코드화된 기호는 도로 표지판의 예처럼 의미를 알 수 있는 신호가 된다. 신호는 발신자와 수신자 모두 인지할 수 있게 하거나 또는 할 수 없게 하거나 하게 되는(즉 실용적인 면) 의미의 표현의지를 담고 있다(즉 의미론적인 면). 그리고 또 다른 다른 수준에서의 정보는 상징적이 될 수 있다.

커뮤니케이션 이론의 복잡성은 따라서 바이트의 개념으로 그칠 수 없다. 몇몇 연구에서 밝힌 바와 같이 정보는 있을 법하지 않은 만큼 더 풍부해지기 때문이다. 정보는 교란하는 잡음 때문에 훼손될 뿐이며, 익숙함(무반응) 때문에 마침내 획일성, 무차별 속으로 사라지게 될 뿐이다.

모든 형태는 그 차이 자체로 인하여 정보이다. 그렇다고 해서 그것이 의미적이지는 않다. ; 있을 법하지 않은 그 무엇이든 아무렇게나 만드는 것은 결코 가치 있는 의미를 낳지 못한다. Tschumi가 말한 것처럼, 형태는 인정되는 능력 속에서만 의미를 갖는다. 마찬가지로 환경 그 자체는 그 어떤 정보도 지니고 있지 않다. 거기에 정보가 있기 위해서는 객체를 향하여 주체가 의미를 부여하기 위한 도식(scheme)을 겨누어야 한다. 다른 말로 하면, 형태의 의미적 정보의 잠재성은 그것이 처하게 되는 시공간적 컨텍스트와 그것을 인지하는 사람에 달려 있다. 따라서 하나의 형태에 정확한 하나의 의미를 부여하고자 하는 것은 환상에 지나지 않는 것이다.

따라서 건축가가 자신의 건축에 의미를 부여하지 않고자 하는 의지에는 그러므로 두 가지 태도가 있다. : Eisenman의 경우처럼, 모든 의미를 거부함으로써 일종의 무의미를 생기게 하고자 하는 경우가 있고, Tschumi가 하고자 한 것처럼, 가능한 다수의 의미를 인정하는 식으로 범위를 확장하는 경우가 있다. 의미는 언제나 많은 여타의 것들 중에서 가능성을 강조하기 위해 개입된다. 따라서 의미는 가능성으로 둘러싸여 있는 현실이다.

5) 의미의 출현

메시지의 수신자는 발신자만큼이나 그 의미에 기여한다는 점에서 커뮤니케이션 이론의 실용적 기반이 있다. 그러나 발신자가 그 무엇이든 간에 의미하고자 함을 원하지 않으면 어떻게 되는가? 좀 더 정확히 말하면, 일부러 의미를 배제한 기호의 사용으로부터 태어난 하나의 정보

(예컨대 하나의 형태)로부터 어떻게 의미의 출현을 구상할 수 있는가? 그리고 앞에서의 문제와 결부된 것으로, 건축화된 공간과 같은 매우 정리된 구조를 어떻게 다시금 예기치 못한 출현을 허용할 수 있을까?

이러한 문제들에 특히 생물학자들의 연구에 의거한 복잡성의 사고는 Eisenman과 Tschumi의 접근 방식을 밝혀줄 수 있는 흥미진진한 실마리를 가져다준다. 이러한 복잡성은 갈등적이고 모순적인 적대적 개념들이 조직의 개념 안에서 함께 작용하고 있음으로 인해 생겨나는 기존의 질서를 부정하는 복잡성, 즉 예기치 못한 그리고 설명할 수 없는 변형(변이) 및 놀랍고도 명백히 우연한 다양성으로서의 복잡성 같은 것들이다. 그런데 이러한 복잡성의 원리는 대체로 단순한 시스템에서는 파괴적인 것이 될 수 있는 것이 보다 더 복잡한 시스템에서는 외부로부터의 우연적인 공격에 대응하게 될 수 있다는 것을 은근히 나타낸다.

외부로부터의 우연적 교란에 대응하는 시스템의 이러한 자동조직의 과정은 그러므로 증가된 구조적 및 기능적 복잡성으로 이끌고, 다양성을 위해 불필요한 것들을 줄이는 것으로 이끈다. 그 시스템이 공격에 저항하고 동화하고 그리고 기능 작용을 계속하는 한, 시스템은 무질서, 잡음, 우연을 의미로 전환한 것이다. 이때의 의미는 시스템을 위한 의미가 된다. 왜냐하면 시스템 외부의 관찰자는 접근하지 않았기 때문이다. 의미가 배제된 사건으로부터 그 시스템을 위한 의미의 출현이 있을 수 있다. 그러나 시스템과 관찰자 간의 수준의 차이를 살핌이 좋을 듯하다. 왜냐하면 시스템 밖의 관찰자의 눈으로 볼 때엔 조직자의 우연처럼 보이는 것이 시스템 그 자체의 한 가운데에서는 여전히 관찰자가 모르는 새로운 의미가 생성되고 있기 때문이다.

그러므로 여기에선 그 어떤 인과적(因果的) 또는 목적론적 결정주의도 개입되지 않는다. 자동 조직적 체계는 새로운 것을 창조하고 무질서한 것으로부터 변환하며 복잡하게 하면서 그 체계를 안정시킨다. 그렇게 생겨난 의미는 조직화되지 않은 우연한 것의 효과를 끌어내는 기능적 적응의 결과이다. 요컨대 새로운 의미의 출현은 우연적이긴 하나 그것을 의미적 경험으로 전환하게 하는 그 어떤 비결정(非決定)

의 작용을 필요로 하고 있다는 것을 알 수 있다.

여기서 다소 적절한 비유는 아닐지라도 자동조직과 비결정을 이해하는데 도움이 될 수 있는 예를 살펴보고자 한다. 예컨대 자전거를 처음 타게 되는 경우, 비틀거리고 넘어지고 하다가 어느 순간에 전체적인 균형을 갖추고 타게 된다. 이렇게 순간적으로 전체적인 균형을 갖게 되는 각 부분들의 조직화를 자기조직이라고 한다. 인지학습에서 이러한 상황을 '통찰' 또는 '깨달음' 같은 것이라고 하는데, 이는 일종의 '통합적인 전체성'이 확보된 것임을 의미한다. 같은 맥락에서 주어진 사건이나 단서들이 그 통합적인 전체성을 확보하고 있지 않을 때 그것은 무질서와 산만함을 뜻한다. 그러나 우연치 않은 계기로 그 어떤 전체성이 확보되면 그것들은 사건과 행동의 내부 구조의 일부라는 것을 알게 된다.

예컨대 "창호지가 잡지보다는 더 좋으며, 길거리보다는 해변이나 들판이 좋다.(중략) 어린 아이도 즐길 수 있는 놀이다. 일단 성공하면 별다른 어려움이 없다.(중략) 만약 일부분이 떨어져 나가면 다시는 할 수 없다."라는 글이 있다고 하자. 문장이 복잡하지는 않지만 이것이 무엇을 뜻하는지는 잘 알 수가 없다. 생각하면 할수록 더 복잡하고 산만해진다. 그러나 이 글의 제목이 '연날리기'라는 것을 알게 되는 순간 그 의미는 명확해진다. 이처럼 일견 무질서하고 조각조각 난 것처럼 보이는 것들도 우연치 않은 그 어떤 순간의 깨달음으로 거기에서 그 어떤 질서와 의미를 볼 수 있는 것이다. 따라서 우연치 않은 계기를 통하여 고정관념을 탈피하고 새로운 관점을 갖게 되거나 제3의 그 어떤 것이 개입되거나, 또는 차원이 달라지면 상황은 전혀 다르게 되는 것이다. 그 어떤 변화의 여지가 없는 '완벽함은 죽음을 의미한다'라고 한다. 그 이유는 생성과 변화의 여지가 없기 때문이다. 그렇기 때문에 우연에 대한 여지를 두어야 하는 것이다.

근대도시의 모델이 되었던 샹디가르와 브라질리아의 비교를 통해 살펴보자. 두 도시 모두 아무것도 없는 텅 빈 부지에, 즉 無에서 태어났다. 두 도시 모두 철저한 기능주의의 원칙에 의해 이루어졌다. 샹디가르는 Le Corbusier와 Pierre Jeanneret에 의해 그리고 브라질리아는 Lucio Costa와 Oscar Niemeyer에 의해 계획 및 설계되었다. 두 경우 모두 열대지역이고, 개발도상국의 수도였으며, 상징적 가치가 강한 기념성을 풍부하게 하기 위한 형태적 연구로 주민을 고려한 도시문제를 감추었다. 어떻게 되었나? 결과적으로 샹디가르는 균형적인 도시인 반면에 브라질리아는 인위적인 행정 중심적 도시가 되었다.

날개를 펼친 새 모양으로 이루어진 브라질리아는 철저한 기능분리와 함께 주거지는 super block의 개념에 의거한 막대기 모양의 건물들을 나열하였다. 그리하여 전통적 의미의 길의 부재와 함께 엄격한 동선분리로 차후에 변화의 여지를 두지 않았다. 여기에서는 모든 것을 예견하고 질서 있게 하는 조물주의 태도를 엿볼 수 있다. 그러나 도시 내에서 수용할 수 없는 경직성으로 인해 주변에는 무질서한 favelas(판자촌, 빈민가)가 생겨났다. 또한 다양한 활동을 위한 도시공간, 자유로운 공간, 그리고 잘 짜인 도시조직의 부재와 함께 뜻밖의 일에 적응할 수 있는 여지의 부재로 도시는 도시민을 위한 삶의 터가 되지 못했다.

반면에 샹디가르는 분명한 도로의 위계가 있으나 자동조직의 가능성이 읽혀지는 계획이다. 전적으로 격자형 구획이나 경직된 방식이 아닌 융통성이 있고 도로나 수로를 따라 구불거리게 하기도 하고, 지역에 삶의 방식을 표현할 수 있는 공간도 포함되어 있다. 펀자브 지방의 현실을 반영하였고, 큰 틀은 계획하였으나 내부의 작은 구역들은 주민 그들만의 일상생활을 위한 공간이 되도록 하여 이후 변화의 여지를 둠으로써 브라질리아와는 대조를 이루고 있다.

6) 복잡성

생물학에서의 복잡성에 대한 연구는 가깝고도 대립적인 Eisenman과 Tschumi의 접근 태도 차이를 이해하는데 도움을 준다. Eisenman은 그 어떤 의미도 나타내지 않는 집을 내놓는다. 주민은 그 공간들을 사용하여야만 한다. 그러나 그 공간은 매우 경직되고 기능적 변화에 거의 적응할 수 없다. 예컨대 하우스-Ⅵ에서는 기둥이 식당의 식탁의 설치를 방해한다. 어린이나 아기는 순응하기 어렵다는 문제가 있다. 그러한 교란이 그 집의 재구성이나 적응을 허용하지 않는다면, 그것은 잡음에 의한 복잡화의 과정을 수용할 수 있는 여지를 주지 않았기 때문이다.

Eisenman은 오브제의 외부로부터 뜻밖에 생겨날 수 있는 인풋(input)에 관심을 두지 않았기에 이는 문제가 되지 않는다. 건축적 오브제의 내적 일관성만을 중요시하면, 온갖 우연을 외면하고 그 아이덴티티를 유지할 수밖에 없는 것이다. 이는 정보적-운영적 닫힘, 즉 그 자체에 의한 시스템의 생산(개념과정에서의 건축가의 주관성을 포함하여)에 강조를 두었기 때문이다. 그러나 자동지시적 체계로서 고려된 그러한 건축, 즉 그 자체에 대해서만 말을 하는 건축은 결국 어려움을 제기한다.

예를 들어보자. 그 자체에 관한 단언(斷言)을 나타내는 문장은 중복된 특성을(예 : 내가 거기서 말하는 것은 문장이다), 또는 결정할 수 없게 할 수 있는 특성을(예 : 내가 거기서 말하는 것은 진리다), 또는 역설적인 특성을(예 : 내가 거기서 말하는 것은 거짓이다) 지닐 수 있다. 따라서 그 자체에 대해서만 말을 하는 건축은 자동지시적 역설로 가두는 위험이 있거나, 기껏해야 납득시키지 못할(입증하지 못할) 위험이 있다. Eisenman은 자신도 자신의 실험을 그저 허구로서만 진지하게 취하고 있다는 것과 따라서 자기의 방식을 심각하게 받아들이지 말 것을 조언한 것을 보면, 아마도 그 역시 이러한 위험을 의식한 듯하다. 결국 건축에서 사는 주체를 무시하고 건축 그 자체에 대해서만 말하고자 한 Eisenman의 비인본주의적 태도는 그것이 그의 지성을 불러일으키기 위한 것일 뿐 결국 논리적 궁지에 봉착하게 된다.

반대로 Tschumi는 움직임과 건축의 통제된 질서 속에서 실체의 침입에 의거해서 건축적 체계를 개인(개체)과 시간으로 확장할 필요성을 직감하였다. 침입과 질서라는 모순적인 짝을 건축가가 구상작업에서 고려할 때, 무질서의 긍정적 특성과 잡음이라고 부르는 통제되지 않은 교란의 생산성을 유리하게 이용하였다. 그리하여 Eisenman의 것처럼 결정적인 아름다운 오브제 그 자체에 갇히는 대신에, Tschumi의 건축은 이제까지 간단하게 그 과정을 언급한 것처럼 잡음에 의한 복잡화의 가능성을 활짝 꽃피우고자 시도하였다.

컨텍스트를 고려하지 않음과 최소한의 불균형에 대한 질적인 여지의 부족으로 지속적으로 쇠퇴할 수밖에 없는 단순주의적 기능주의 건물과는 달리, 복잡한 체계로 고려된 건축은 존재의 우연과 부딪혔을 경우 풍부함의 방향으로 변해가게 될 것이다. 거기서 이제 시간은 더 이상 무자비한 파괴자는 아니게 된다.

물론 일원적인 거창한 구성 속에서 의미를 생산하는 것을 피하기 위해 논리적-수학적 조합의 뒤로 Tschumi가 피신하고 있음을 비난할 수 있다. 왜냐하면 수학적 및 논리적 형식은 창조자로서의 주체를 합리주의자적 사고 속에서 배제하고 그리고 이러한 중립성 및 과학의 객관성은 인식의 인식이라는 견지에서 볼 때 속임수이기 때문이다. 폴리의 건축가이자 일탈 형태의 연출가인 Tschumi는 사고(思考)는 문란, 즉 폴리의 위험을 피할 수 없다는 것을 알았음에 틀림없다.

예측 불가능한 관계를 탐색하기 위해 기계적 변형에 의해 작업하는 것은 건축을 반석 위에 앉히기에 불충분하다. 훨씬 더 많은 문학적인 것을 기다릴 수 있다. 그렇지만 Tschumi의 작업은 많은 면에서 복잡한 건축의 길을 열어 놓았다.

개인들에 의해 창조되고 사용되는 건축을 개인들과 분리하는 것(즉 사회, 환경 그리고 시간과 분리하는 것)은 상궤를 벗어난 것처럼 보인다. 또한 이 두 건축가의 비교를 통하여 Eisenman의 까다로우나 복잡하지는 않은 자동 지시적 오브제에 우리는 Tschumi가 지향하고자 한 열린 체계로서의 복잡한 체계를 대조한다.

3. 복잡성의 건축

"우리의 세상은 우리의 정신/뇌 속에 갇혀 있다,
우리의 정신은 우리의 존재(몸) 안에 갇혀 있다,
우리의 존재는 우리의 세상에 갇혀 있다."

- Edgar Morin -

일반적으로 합리주의적 기능주의는 근본적으로 단순하게 하는 것임을 확인한다. Alexander는 복잡성의 문제를 다루고자 했으나, 그의 방식에 저항할 수 있게 되는 모순이나 갈등의 존재를 부정함으로써 거의 희화적인 방식으로 하였다. Kahn은 통합적이고 비분석적 사고의 도움으로 하였으나 본질의 관점에 처하게 함으로써 부분적으로 건축적 오브제를 사회적 및 시간적 컨텍스트와 분리하게 하였다. Eisenman은 아름답고 난해하고 혼란스러운 주택으로 즐겼다.

따라서 엘리트 건축가들이 온갖 복잡성 속에서 그들의 분야를 다루지 않았다는 것은 놀라지 않을 수 없다. "건축을 제외하고서는, 내적 복잡성과 모순의 변증법적 결합은 도처에서 인정된 개념이다"라고 Robert Venturi는 확인한다. 그는 이어서 "… 그러나 건축은 Vitruvius의 세 가지 요소(즉 기능, 구조, 미)를 동시에 만족시키고자 한다는 그 사실 자체에 의해 필연적으로 복잡하고 모순적이다"라고 말한다. 따라서 Venturi는 건축에서의 복잡성과 모순, 모호성, 포함, 다의를 옹호한다. 왜냐하면 정신을 만족시키는 미적 단순성은 그것이 내적 복잡성에 의거할 때만 가치 있고 심오하기 때문이라는 것이다. 그는 '힘든 전체(difficult whole)'에 대해 말한다. 그러나 여기서의 전체는 '보다 큰 전체, 상호작용하게 되는 컨텍스트의 한 조각'에 지나지 않는 그 자체인 전체(즉 건물)이다.

그는 서양건축에서의 많은 예들을 통하여 건축가가 동시에 모순적인 수준들을 취함이 가능한 방식을 보여주고 있다. : 모호성, 동시에의 현상(이중적 의미), 이중적 기능 요소, 적응된 모순(부드럽게 처리),

병치된 모순(대담한 처리), 내적인 것과 외적인 것 간의 대조, 등.

개념 과정에서 고려하게 되는 인자들의 상호의존 관계를 그가 강조하는 사실은, 존재 그 자체로부터 나오는 모순들의 불가피한 특성(그리고 어쩔 수 없이 부정 못하는), 그리고 복잡성 내에서 건축의 일관성의 필요성(그렇다고 해서 전체가 조화롭게 해결되어야 한다고 가정함이 없이)은, 오늘날 건축을 생각하는 데에 기본적인 것으로 여겨야 한다는 것이다.

그러한 포함적인 사고는 모든 모순들의 변증법적 종합으로 억지로 벗어나는 것을 전제로 하는 것은 아니다. 모든 모순들은 너무 강해 환원되지 않을 수 있다. 같은 현실도 병치해야만 하는 두 갈래의 방식으로만 표현될 수 있을 뿐이다(즉 양면성). 그래서 양자역학에서 입증된 것처럼 빛은 파동도, 미립자도, 그 두 가지 모두도 아닌 것이다. 그것은 물리학자 Niels Bohr가 '상보성(相補性)의 원리'라고 부르는 것이다. 그것은 제기된 문제나 실현된 경험에 의해, 그것이 따로 따로 표명될 뿐일지라도 A와 non-A를 동시에 받아들이는 것이다.

상보성의 원리와 건축과의 관계는 무엇일까? 디자이너가 그것의 한 부분을 제거하지 않고서는 그것을 합성(종합)할 수 없는, — 그리하여 필연적으로 결과를 빈약하게 하는 —, 그토록 매우 모순적인 수준에 부딪혔을 때, 그는 그것들의 적대(상극)관계 속에서 그것들을 상보적인 것으로 고려하도록 시도하는 것이다. 그래서 거기에서 그렇게 구상된, 그렇게 취해진 건축적 오브제가 그 복잡성을 반영하기에 충분한 매우 힘찬 창조적 긴장이 나올 수 있는 것이다. 따라서 긴장, 불일치(부조화), 모순, 모호함은 결함, 결핍, 결점, 손상이나 부실(실패)이 아닌 내적 풍부함의 표현으로 또는 타협된 미묘함의 결과로 나타날 수 있다. 즉 예술과 함께 실현된 불일치는 건축에 그 생명력(생기, 활기)을 줄 수 있다는 것이다.

앞에서 언급한, 화해할 수 없는 고유 논리들 간의 합성의 공허함, 사건, 공간 그리고 움직임에 관한 Tschumi의 담론 역시 같은 맥락이다. 건축가의 역할은 Tschumi가 무차별, 보강 또는 갈등이라고 명명한 새로운 관계를 찾기 위해 이러한 모순들을 갖고 창조하는 것이고, 그것들을 역동적인 방식으로 작용하게 하는 데에 있다.

이 모든 것은 Descartes식 합리주의는 건축적 실제 작업을 현실 속에 끼워 넣기에는 불충분하다는 것을 힘주어 강조한다. 보완적이고 협력적(경쟁적)이고 동시에 적대적인 개념의 적극적이고 필요한 대화체적 원리를 가지고, 우리는 이제 복잡성의 사고(思考) 한가운데에 있게 된다. 복잡성의 사고는 건축가로서 우리가 더 자세히 살펴보게 될 개념을 낳고 길을 탐색하게 하였다.

그러므로 개념의 산물을 전체로 그리고 그 개념에 개입되는 많은 인자들을 전체의 부분으로 생각한다면, Edgar Morin이 출현(드러남)이라고 부르는 전체는 부분들의 합 이상일 뿐만 아니라 또한 그가 국지적 출현이라고 지적한 부분들은 부분들 그 자체 이상이다. 주어진 시스템의 한 가운데에서 부분들에 내재한 고유의 특질들은 이 부분들이 고립된 상태에 있을 때엔 없거나 잠재적이다. 그것들은 전체에 의해서만 그리고 전체 안에서만 획득될 수 있고 발전될 수 있을 뿐이다(즉 관계 속에서 상황 속에서의 상대적 역할에 의해서). 예를 들면, 적대적인 것으로 가정된 두 인자들은 시스템 한 가운데에서의 성공적인 대립을 통하여, 생각할 수 없던 특질들을 획득하게 된다.29)

역으로, 전체는 부분들 합 이하이다. 이는 따로 따로 고려된 부분들의 특질, 특성들은 시스템 안에서 사라진다는 것을 의미한다. 이는 복잡성과 포함에 근거하지 않는 건축에서는 중요한 잠재성이 발전될 기회를 갖지 못하고 버려지고 상실되는 것과 같다. 그러므로 이제부터 우리는 모든 시스템에서 출현에서의 이득뿐만 아니라 또한 구속, 예속, 억압에 의한 상실도 고려해야만 한다. 하나의 시스템은 단지 풍부함 뿐만 아니라, 또한 메마름이다. 그리고 메마름은 풍부함보다 훨씬 더 클 수 있다.

---

29) 여기서 Louis Kahn의 속이 빈 기둥에서 결합될 뿐만 아니라 또한 빛을 유도하는 특질을 주는 것으로 보이는 구조와 기능을 생각한다.

이 두 경우 간의 차이에서 결정적인 역할을 하는 것은 건축가의 자질로 보인다. 게다가 이는 객체와 주체의 이론적 분리를 향한 합리주의를 포함하여 건축 방법론의 모든 역사를 통하여 말하여지지 않은 사실이 아니었던가? 즉 '강장(强將) 밑에 약졸(弱卒) 없다'라는 말에서 알 수 있듯이 이제 건축가의 구성적 솜씨, 능력, 그리고 안목 등이 매우 중요한 역할을 하고 있음을 알 수 있다.[30] 또한 기억, 문화적 기층, 움직임과 같은 여러 시간적 차원을 고려하고, 복잡화의 과정에서 그 어떤 의미들이 자동으로 생겨날 수 있는 충분한 여지를 두는 것이 중요하다. 이 점에 있어 건축구상에서 우연의 역할을 분명히 하는 것이 필요하다.

부분들의 합을 넘어서는 총체와는 다른 건축은 어떻게 접근해야 하나? 건축은 단지 삼차원적이 아니다. 단지 구조, 기능, 미의 충족이 아니다. 우리의 공간 이해 방식은 복잡해졌고 시간, 움직임, 빛, 의미, 기타의 요소들이 건축의 특질화에 개입된다. 그러므로 건축은 많은 인자들의 상호작용으로 야기되는 다차원적이 되는 것이다. 이제 외적 교란의 효과로 건축은 복잡해지고 지속적으로 생성변화의 과정을 겪을 수밖에 없게 되었다.

---

30) 유능한 장수는 비록 개개의 병사의 능력이 부족해도 잘 조련하여 강한 부대를 만들지만, 무능한 장수는 개개의 병사의 능력이 훌륭해도 그 부대는 오합지졸이 되게 한다. 마찬가지로 유능한 요리사는 평범한 식재료를 이용해 훌륭한 요리를 만들지만, 무능한 요리사는 좋은 고급 식재료를 갖고도 시원찮은 요리를 만들 뿐이다.

Ⅸ. 포스트모던의 주요 건축가와 작품 사례

포스트모던 건축은 주로 신도시에서 발전되었다. 그러한 신도시들은 모던의 말기인 1960년대 후반에 생겨났다. 그런데 이 도시들은 포스트모던의 여명기인 1970년대 초에 포스트모던운동의 분출구 역할을 하였다. 즉 한 시기에서 다른 시기로의 이행을 인상적인 방법으로 보여주었던 것이다.

그러한 신도시들은 엔지니어들이 설계한 광대한 도로 및 철도망 위에 건설되어졌으며, 건축가들이 설계한 주거 및 제 시설들이 그 내부에 세워졌다. 그러나 이러한 신도시들은 결함이 있었다. 즉 그러한 도시들은 실질적으로 자율적이 되기에는 그 규모가 너무 작고 또 기존의 도심지와 너무 가까웠으며, 기존 도시의 단순한 확장을 하기에는 그 규모가 너무 크고 기존의 도심지에서 너무 멀었던 것이다. 그러나 그러한 신도시들은 대담하고 지적인 도시계획 팀 덕분에 현대건축의 각별한 실험장소가 되었다. 이러한 신도시 이외에도 포스트모던 건축은 또한 구도시와 시골에서도 자리를 잡아갔다.

이처럼 포스트모던 건축은 매우 다른 환경 속에서 완전히 동화되었는데, 도시로의 회귀, 도시조직 및 건축 형태의 회복 그리고 기념적인 것과 장식의 회복이 그러한 동화를 용이하게 하였던 것이다. 이제 비록 충분치는 않지만 포스트모던의 주요 건축가들의 건축적 사고와 그 작품 사례를 살펴봄으로써 포스트모던 건축가들의 작품 경향을 부분적으로나마 구체적으로 이해해 보고자 한다.

1. Leon Krier

Leon Krier는 논객으로서 매우 확고한 명성을 지니고 있다. 그는 그러한 명성을 거부하기는커녕 오히려 자랑스러워하고 있으며, 자신에게 유리하도록 모든 그의 역량을 내세우고 있다. 그는 인류의 가장 중요한 것으로서의 도시와 도시의 역사에 관심을 갖는 그의 형 Rob Krier 및 여러 사람들과 마찬가지로, 근본적으로 모더니즘에 뿌리를 둔 건축과 도시의 독단적인 교리가 도시조직과 도시의 전통을 위험에 빠지게 하였다는 것을 폭로하고 있다. Leon Krier는 이러한 위험을 20세기의 거대한 정치적 및 경제적 집합체의 발달과 '도시개혁'이라고 하는 언제나 더 큰 야심찬 도시 프로그램의 탓으로 돌리고 있다.

그는 자신의 목표를 다음과 같은 방식으로 요약하고 있다. : "나는 역사적 필연을 기술하고자 함이 아니라, 도시의 사회적 및 문화적 복잡성은 필연적으로 도시의 물리적 구조와 밀도와 결부된다는 가설을 세우고자 함이다 … 요컨대 도시계획에 관하여, 빌딩 블록의 길이와 폭은 유형학적으로 존재 가능한 범위로 제한되어야 한다는 것과 이러한 빌딩 블록은 수평적이고 다방향적인 도시공간의 망인 가로와 광장을 가능한 한 많이 생기게 해야만 한다"는 것을 주장한다.

이러한 가설을 억척스럽게 방어함으로써, 그는 자신의 의도의 정당성을 많은 건축가와 도시 계획가들에게 설득하는데 성공하였을 뿐만 아니라, 이제는 영국의 Charles 왕세자의 대변인 같은 특별대우를 받아 더욱 더 그의 생각에 관심을 갖는 사람들이 많아졌다. 과거 그는 건축가로서의 자신의 예술에 위협적인 것으로 여겨졌던 시장성(市場性)에 대해 거리를 유지하는 것이 중요하다는 것을 강조하였다. 그러나 오늘날 그는 이러한 경제적 구속 조건에 맞서 매우 명쾌하게 그의 생각들을 손상시킴이 없이 해나가려고 애쓰고 있다.

〈그림 9-1〉 신도시 아틀란티스의 아고라 계획(건축가 : 레온 크리에)

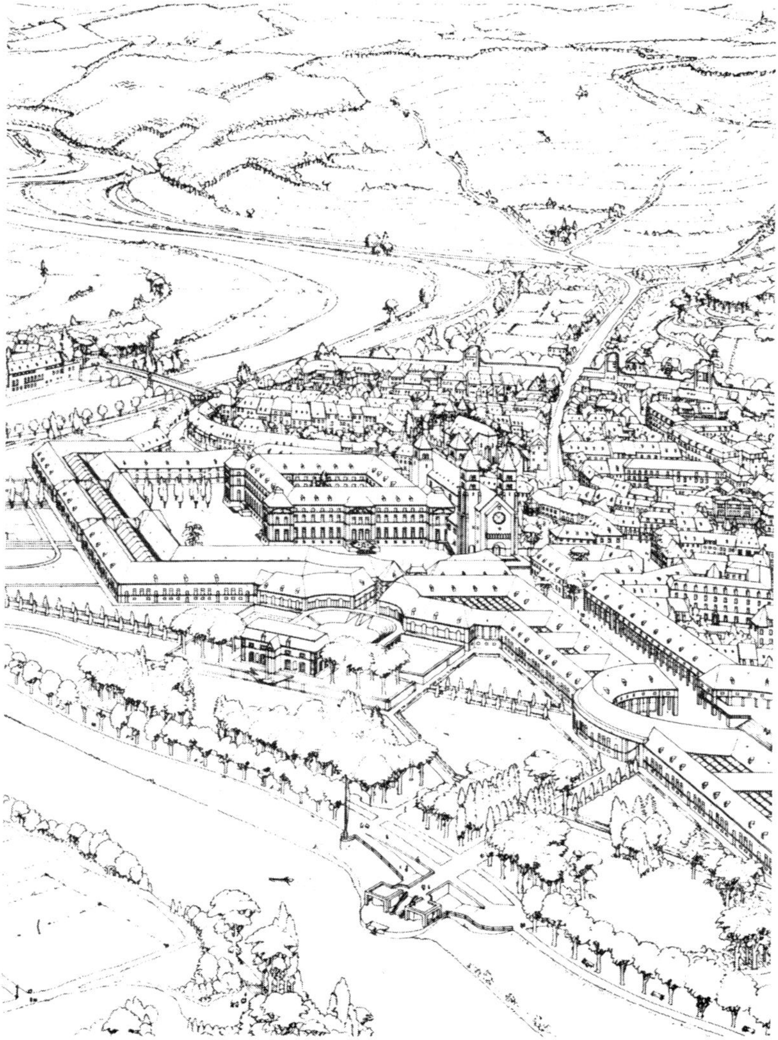

〈그림 9-2〉 라인펠덴 도심지 광장계획안, 독일 (건축가 : 레온 크리에)

2. Robert A. M. Stern

Robert Stern은 언제나 분명하게 모더니티의 교리를 거부하였다. 그러나 이러한 거부의 건축적 표현은 여기서 표명했던 것보다 훨씬 이전부터 이루어져 왔다. 이러한 거부의 선언은 관련적, 컨텍스트적, 장식적, 역사주의적, 교류적인 건축의 가치의 문제를 제기하는 것이기에, 우리의 문화에 대한 거부지 자신의 거부는 아닌 것이다. 그러므로 Stern은 함께 했던 다른 건축가들이 명확하게 정의하지 못했던 입장을 분명히 하였다. 건축 잡지 Architectural Design을 위해 썼던 글 〈포스트모더니즘의 이중성〉에서 Stern은 한 걸음 더 나가고 있다. :

"우리가 근대시기라고 부르는 것은 르네상스 인본주의의 출현과 함께 15세기 초부터 시작된다. 1920~1960년간 '국제주의 양식'은 종종 그것이 특정한 시기의 한 양식으로 여겨질지라도 근대적 가치라고 하는 일반적인 의미에서 역시 근대적이다. 그 이유는 간단히 말해 모더니즘은 새로울 뿐만 아니라 또한 과거의 생산과는 전혀 무관한 우월한 가치를 독단적으로 심지어는 도덕적으로 적용하는 것을 의미하기 때문이다."

모던과 관련하여 거리를 두었던 다른 건축가들과는 달리 Stern은 배타적인 충동으로 최근 그의 모든 토속적 작품 생산을 설득력 있게 하였고, 포스트모더니즘에서 현학적 영감이라고 하는 특별히 미국적 산물을 보게 하였다. 역사적 참조에 대한 그의 취향은 그의 처음의 선언 이후 깊어진 듯하다. 그것은 비판적 입장이 해석의 다양성을 야기할 수 있다는 것을 명백히 증명하는 것이다. 고전적 또는 전통적 방식을 따르는 여타의 사람들처럼 Stern은 세심한 연구로 자신의 관점을 지속적으로 유지하였다. 그리하여 역사에 대한 그의 대단한 사랑은 점증되는 진실성과 함께 나타나고 있다.

〈그림 9-3〉 멕스 본사, 네덜란드(건축가 : 로버트 에이 엠 스턴)
재료, 스타일, 그리고 물에 비친 그림자 간의 강한 대조를 끌어 내면서 주목할 만한 형태의 작용을 창조했다.

〈그림 9-4〉 Five Crescent Drive (건축가 : 로버트 에이 엠 스턴)

3. Rob Krier

Rob Krier의 견해는 도시의 총체성을 포함한다. 거대한 하나의 건물 덩어리를 만들기 위해 건축가들은 다른 건물과 연결하는 능력을 상실했다는 것을 확신한 그는 사라져가고 있는 도시조직을 재건하기 위해 유형론에 전념하고 있다.

제2차 세계대전 후 다수의 유럽도시들은 재건되어야 했다. 불행하게도 이 시기는 건축에서의 모던운동이 극도로 예찬된 시기와 일치하는데, 모던운동을 옹호하는 자들은 도시적 환경을 매우 싫어했던 것이다. 이러한 혐오의 결과는 Rob Krier의 작업이 더욱 더 적절하다는 것을 알게 해주었다. 도시에 대한 그의 연구는 그가 말하는 원형적 목록에 속하는 '구성적 요소'의 인지에 근거를 두고 있다. 이러한 요소의 분석이 건축 연구의 프로그램에서 배제되었다는 것을 그는 지적한다. 도시의 논의에 있어 그의 업적은 Camillo Sitte의 연구 이후 가장 의미 있는 연구 중의 하나라는 것이다. 과거 도시의 복잡성을 재창조하고자 하는 그의 의지는 획일적인 국제주의 양식을 대체할 수 있는 하나의 대안이 되고 있다.

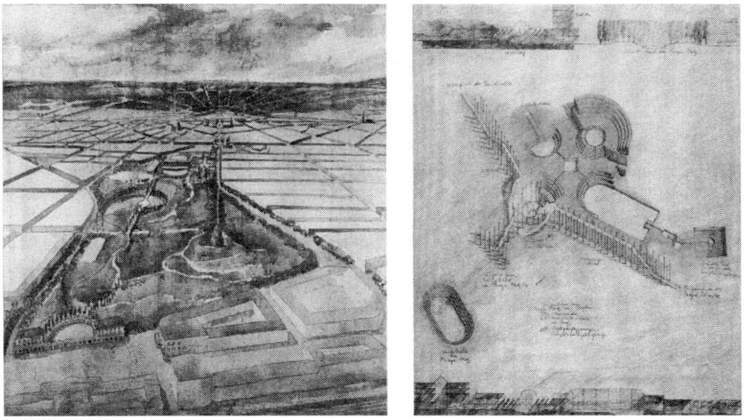

〈그림 9-5〉 가로 및 광장계획안 (건축가 : 롭 크리에)

4. Robert Adam

영국의 신문은 Robert Adam을 '고전주의의 자유기고가'로 다루고 있다. 이는 다원주의적 풍토가 지배적인 오늘날에 있어 고전적 건축가들이 그 어떤 대중적 호의를 얻기 시작했다는 것뿐만 아니라 Adam이 이러한 학파의 내부에서 매우 특별한 입장을 취하고 있다는 것을 나타낸다. 고대건축의 구조체계와 어휘의 순수한 그리고 단순한 번역이 도처에서 제기되고 있는 시점에서, Adam은 절대적인 모델의 발견이 어렵기 때문에 이러한 고전의 번역이 기술적으로 가능한지 의심한다. 비록 신뢰할만한 것으로 생각되는 모델에 근거했을지라도 계속된 고전적 부활은, 실제로는 각 시기 특정한 과거의 비전에 근거한 해석 노력에 의해 특징지어진다는 것을 그는 주목한다. 그의 이러한 우상파괴주의적 역할은 신고전의 '건조체계의 완전보전'을 근대운동에 대한 무익한 반발로 여기고 있다. 그는 오히려 근대기술 탐구결과의 再考를 찬양하는데, 그 이유는 그리스어 tekhne는 匠人을 의미하고, 고전적인 것은 언제나 그것의 건조물 내에서 혁신을 합병하였기 때문이다. :

"기술은 조립기법의 형태로만 존재하기 때문에 그 자체로는 아무것도 아니다. 한 사회의 기술적 변천은 그러한 대상물의 운용, 사용 또는 생산에 관련된 모든 방식의 기능이다."

반대로, 엘리트적 또는 배타적 입장을 취하는 모더니즘은 그것이 표현하고자 했던 기술적 통합을 억제하는 것으로 결말이 났다. Adam은 고전적 방식은 제한적인 것이 아니라 창의성, 혁신 및 기술에 개방적이며, 그리고 그것은 우리 시대의 가치를 반영한다고 생각하고 있다.

〈그림 9-6〉 다그머스필드공원의 개선문, 햄프셔, 영국(건축가 : 로버트 아담)

5. Quinlan Terry

어떤 사람들은 고상한 논조를 사용하여 전통주의적 주장을 지지하고, 서로 다투어 아리스토텔레스, 비트루비우스 또는 페트라르크카를 인용한다. 그러나 Quinlan Terry는 근대건축물에 대한 대중의 불만을 부각시키면서 반대자들의 목덜미를 잡는다.

그는 단번에 주제의 핵심에 들어가, 어찌하여 '과거의 재료는 수세기 동안 견디는데 반하여 새로운 재료는 그러지 못하는가' 또 '왜 과거의 건물은 우리의 눈에 그렇게도 유쾌한데 반하여 근대건물은 그렇지 못하는가'에 대한 의문을 제기한다. 그에 있어 대답은 의심의 여지가 없다. ; 이제부터 우리는 자원을 고갈시키고 재활용이 불가능한 쓰레기 더미만을 남기는 일회용품을 선택할 건지 아니면 전통의 기술과 재료를 선택할 건지를 정해야만 한다는 것이다. 매우 종종 Terry는 이러한 전통적인 재료는 더 생태학적이고 동시에 우리의 감성에 더 가깝다는 것을 덧붙여 말한다.

그의 건물들이 그의 논조보다 더 확신을 지니고 있다는 것은 분명하다. ; 그래서 그의 건축이 모든 사람들의 취향은 아니더라도, 그것은 놀라움과 연출을 포함하여 그의 예술의 모든 면에서 인상적인 능란한 솜씨를 나타낸다.

〈그림 9-7〉 다우닝 대학의 호와드 빌딩, 캠브리지, 영국(건축가 : 퀸란 테리)

6. Demetri Porphyrios

Demetri Porphyrios의 귀중한 연구 테마 중에는 고급의상이나 베스트셀러와 비교될만한 건축을 옹호하는 자들을 특히 성가시게 하는 것이 하나 있다. 그것은 바로 '고전주의는 양식이 아니다'라는 것이다. 다수의 문학적 및 역사적 원전에 의거하면서, Porphyrios는 박공이나 기둥 같은 단순한 요소들이 문화적으로 결정된 지식을 반영하고 있으며, 고전 어휘는 건축술의 기원으로 거슬러 올라간다는 것을 보여준다.

두 번째 테마는 종종 모방이라고 번역되는 신비스런 단어인 'mimesis'이다. 그에 있어 이것은 복제가 아니라 해석을 의미하는 것으로 따라서 자연세계의 변모를 의미한다. Porphyrios로서는, 건축을 포함하여 모든 예술의 원리들은 자연으로부터 영감을 받은 것이고 그리고 그 모든 규칙들 역시 언제나 거기에서 다시 발견되기에, 예술은 자연을 모방하여야만 한다는 다소 환원적인 금언에 만족하여야 한다는 것을 주장한다. 모방은 자연세계에 대해서 뿐만 아니라 거기에 존재하는 건물에 대한 비판적 강론이 요구된다는 것을 강조하면서, Porphyrios는 모든 세대는 '천박한 복제주의자'가 되기보다는 고전적 인습의 유효성을 재발견하여야만 한다는 것을 정당화한다.

그의 작품의 가장 논쟁거리가 되는 테마는 건축과 예술을 결합하는 연결의 특성이다. 그러나 오늘날 인습과 변형 간의 갈등은 더 이상 없다. 그러므로 우리의 미적 선택은 언제나 사회적으로 결정되는 적절함의 기준에 따라 이루어진다.

〈그림 9-8〉 빌라주택, 런던(건축가 : 디미트리 포피리오스)

7. Aldo Rossi

Aldo Rossi만큼 유럽도시의 전통적인 컨텍스트의 파괴를 막기 위해 뚜렷한 의견을 내세운 건축가는 거의 없다. 그는 그의 저서 〈도시의 건축〉에서, 도시 조직의 재건에 있어 유형론의 주된 역할을 포함하여 문제의 모든 면을 검토하고 있다. 유형을 '항구적이며 동시에 복잡한 그 어떤 것, 형태 이전의 논리적 원리, 그리고 형태를 이루는 것'으로 정의한 Rossi는, 유형은 무수히 복제되는 모델이 아니라 오히려 건축의 축조원리라는 것을 주목하면서 이러한 명제를 지속적으로 다듬어 가고 있다. 즉, 유형론은 건축과 도시의 나눌 수 없는 그리고 줄일 수 없는 요소의 유형에 대한 연구라는 것이다.

게다가 그는 그가 말하는 도시 형태의 원동력이 되는 요소와 병적인 요소 간의 구분을 하기에 앞서 Poete와 Lavadant의 '영속성'과 '저항성'을 인용하면서, 도시의 지속적인 발전에 기념물의 역할을 분석한다. 그리하여 그라나다에 있는 알람브라의 정원은 병적이고 재생력이 없는 요소임에 반하여, 이슬람의 주된 기념물 중의 하나가 된 다마스의 주피터 로마 신전은 도시의 원동력이 되는 것으로 고려될 수 있음을 주목한다.

냉혹한 변화의 힘을 고려할 때, 후기산업도시는 이전과는 전혀 다른 변화의 압박을 겪게 된다는 것을 Rossi는 인식한다. 그리하여 Rossi는 원동력이 되는 요소의 재생력을 강조하면서, 도시의 상처를 걱정하는 사람들에게 그들의 기념물의 보전에 전념할 것을 권한다. 그렇지 못할 경우, 도시의 기념물들은 완전히 버려지게 됨으로써, 그 존재방식이 영원히 상실된 박물관에 지나지 않게 되기 때문이다.

〈그림 9-9〉 행정센터건물, 이탈리아 (건축가 : 알도 로시)

8. Christian de Portzamparc

Portzamparc은 보자르(Beaux-Arts)의 낡은 체계에 대한 반발에서부터 국제주의적 건축에 대한 문제인식에 이르기까지 그의 세대가 건축적 논의에 재도입한 모든 문제에 대해 과감히 맞서왔다. 그가 다룬 것은 우선 도시 문제였다.

1978년 파리 제13구에 설계한 주거구역 〈haute forme〉는 도시로의 복귀라는 포스트모던의 특징을 매우 잘 보여주고 있다. 그는 '도시 내의 도시(The city within the city)'의 개념으로 건물들을 처리하였다. 그러나 그는 이것을 설계함에 있어 불규칙한 도로, 뜻밖에 나타나는 광장, 덮인 통로와 같은 것을 도입함으로써, 중세 또는 르네상스 도시에서 착상을 얻었다. 길을 따라 설치된 몇 개의 아케이드 그리고 여러 개의 창들을 서로 연결시키는 커다란 개구부의 설계를 통하여 교묘하게 기념성이 살아나게 하였다. 개구부의 위계는 모든 고전건축에서의 위계가 생각나게끔 층별로 창이 전혀 같지 않게 처리하였다.

그러고 나서 그는 기억으로 회귀한다. 그는 근대성과 역사 간의 단절의 벽을 없애는 것을 찬양하고, 모든 역사적 유산을 취하고자 한 최초의 사람들 가운데 하나이다. 그리하여 마침내 그는 작품을 하는 기간 내내 개인적이고 창조적인 어휘를 풍부하게 하였다. 라 빌레뜨에 설계한 〈cite de la musique〉에서의 도시적 파사드는 조각난 구성의 서곡이다. 여기서 시대의 정당성과 예술가의 주관성 간의 정당한 길의 추구 속에서 터득한 자유가 표현되고 있다. 보르도 현대미술관 관장인 Jean Louis Froment과의 대화에서 Portzamparc은 다음과 같이 말하고 있다.: "… 자유로운 설계는 antithesis, 호흡처럼, 건축가로서의 나의 작업의 뚜렷한 흔적이다. 이후 이러한 작품의 분위기는 점차 실제 건축으로 퍼져나갔는데, … 그것은 아마도 형식주의와 기능주의 간의 논의를 벗어나게 하고, 형태의 문제를 다르게 제기하게 하는 내 안에 있는 화가적 소양에 기인하는 것 같다. 나의 작품에서 드러내고자 하는 것은 하나의 기능을 위한 유일한 형태는 결코 없다는 것이며, 그리고 역으로 그 어떤 장소와 형태도 오로지 하나의 용도와 의미를 지녀서는 안 된다는 것이다…"

〈그림 9-10〉 공동주거, 파리, 프랑스 (건축가 : 크리스띠앙 드 포참팍)

〈그림 9-11〉 라 빌레뜨의 씨떼 드 라 뮤지끄(위, 아래), 파리
(건축가 : 크리스띠앙 드 포참팍)

9. Ricardo Bofill

Ricardo Bofill은 매우 논란적인 일련의 공동주거를 계획하면서 잊혀진 도시공간의 회복에 진력해 왔다. 생 깡뗑 앙 이브린느에 세운 공동주거에서부터 파리의 공동주거에 이르기까지, 그러한 노력은 프리캐스트 콘크리트와 미러 글라스로 지어졌음에도 불구하고, 역설적으로 고전적 언어와 매우 과장된 비례로 표현되고 있다. 그리하여 Ricardo Bofill에 대해 사람들은 과대망상증, 과장됨, 그리고 복고주의 같은 표현을 하면서 비판하기도 하였다.

그러나 그의 모든 프로젝트의 공통분모는 서민을 위한 장려한 주거를 세울 수 있다는 것과, 또한 앞선 기술들이 근대적 건물에서와 마찬가지로 토속적이고 고전적인 스타일에도 적용될 수 있다는 것이다. 어떻게 보면 이러한 입장은 모순적이다. 왜냐하면 그것은 근대 말기에 역사적 인용을 하고자 함을 의미하기 때문이다. 그렇지만 그의 프로젝트에 대한 끊임없는 이러저러한 논란에도 불구하고, Bofill의 이미지는 단지 교외지역에서의 삶의 즐거움이나 지나간 기념적 꿈을 찬양하고자 하는 의지를 나타내는 것은 아니다. 그가 다루는 문제는 무엇보다도 주민의 열망에 적절하게 대응하는 것이다.

이 점에 있어 공동주거는 특히 뚜렷이 감지될 수 있는 척도이며, 그때까지 관심을 받지 못했던 것에 대한 해결책이다. 즉 그것은 화려하고 장엄한 그의 작품은 오늘날의 사람들이 기념적인 건물에서 살고자 한다는 진정한 집단적 욕구에 응하는 것이었다. 다시 말해서, 그러한 건물에 대한 수요가 없다면 결코 그러한 건물이 세워질 수 없기 때문이다. Bofill의 공동주거에서 사는 주민들의 호의적인 평가로 볼 때, 전통적인 지혜는 분석할만한 가치가 있음을 보여준다.

Bofill의 작품 속에서 포스트모던 운동의 특징적인 원리들을 찾아볼 수가 있는데, 도시로의 회귀, 기념물의 부활, 기술의 망각, 그리고 풍부한 장식이 그것이다. 그의 작품의 첫 번째 특징은 기념성이다. 그는 과거의 거대한 건물들의 스케일을 (가끔 스케일을 벗어나지만) 회복할 줄 알았다. 그의 작품은 이전 시대의 평범함, 무성격함과는 대조적으로 이례적이고 아이덴티티를 갖는 건물이었다. 두 번째 특징은 도시성에 있다. 그는 18세기 건축의 질서정연한 거대한 배치, 광장, 퍼스펙티브, 기념물 등을 선택하였다. 반면에 그는 서민주거의 평범한 구조물 위에 장식된 커다란 조립식 패널로 덮어씌움으로써 구조나 시공에 대한 기술이 나타나지 않게 하였다. 장식에 관해, 그는 창들이 서로 관계를 갖도록 하고 지붕을 올리고, 그리고 덮어씌운 각 세대가 획일화되지 않도록 처리함으로써 건물의 통일성을 이룩하였다.

〈그림 9-12〉 기념성을 잘 나타내는 극장건물, 프랑스(건축가 : 리카르도 보필)

10. Michael Graves

힘찬 스케치, 무한한 상상력, 상징적 여러 수준을 중첩할 수 있는 지성의 덕으로, Michael Graves는 오늘날의 건축 경관에 자신의 흔적을 남겼다. 그가 '은유적 경관'이라고 이름을 붙인 것을 구성하기 위해, Graves는 그 기원이 다른 여러 종류의 자료를 결합한다. : 이러한 방식은 문화에 대한 끊임없는 논평을 낳고 또 동시에 새로 창조한다. 그는 자신의 건축 경관의 가치를 풍부하게 하기 위해서든, 고전적인 것을 본떠서든 간에, 일종의 여러 색을 사용함으로써 주변의 컨텍스트와 연결을 한다. Graves는 우선 고전건축의 인체형상적(즉 머리, 몸통, 다리) 어휘를 끌어내었다. 그러고 나서 훨씬 제한된 어휘에 민감한 태도를 보였으며, 박식한 지역주의 관점에서 역사에 대한 그의 인식을 표현하는 데에 열중하였다.

〈그림 9-13〉 포틀랜드 행정건물, 오리건, 미국 (건축가 : 마이클 그레이브즈)

11. Terry Farrell

아카데미 출판사에서 마련해준 그의 작품집에서 Terry Farrell은, Isaiah Berlin의 표현에 의하면, 우직한 고슴도치이거나 아니면 교활한 여우인지를 생각하게 한다. 고슴도치는 하나의 전략에 만족하지만, 반면에 여우는 지속적인 적응을 함으로써 살아남는다. 짐작하겠지만, Farrell은 여우이다. 그는 대중의 기대에 미리 대책을 세우고 심지어는 대중을 앞서가는 유연함으로 변화로부터 살아남았다.

그렇지만 영국 최초의 포스트모던 건축가라고 불리는 그가 그렇게 긴밀하게 참여한 포스트모던 운동의 변화를 견디어낼 수 있을지는 아직 모른다. 게다가 그를 국제적으로 유명하게 하고 그 후 포스트모더니즘의 표상 중의 하나가 된, 런던의 TV AM 텔레비전 스튜디오 건물이 어수선한 80년대 초에 지어졌다는 것은 믿기 어렵다.

그렇지만 이제 우리는 이 건물을 비난하면서도, 그의 접근태도는 우선적으로 실용주의적이었음을 알게 된다. 비평가 Colin Amery에 의하면, 그의 예술의 이러한 면은 장래에 유용하게 쓰일 수 있는 가능성이 있는데, 그 이유는 : "Farrell이 대중의 특별한 애호를 받는다면, 그것은 컨텍스트에 점점 더 반영하는 건축을 통하여 도시환경을 보호하고자 하는 의지를 양쪽 다 공유하고 있기 때문이다. Farrell은 대중이 전문가보다 앞서나간다는 것을 기꺼이 인정하는 최초의 건축가일 것이다." 그것이 미래의 조건에 적응하는 그의 능력을 낙관적으로 보게 한다.

〈그림 9-14〉 에딘버러 국제 컨퍼런스 센터(상)와 미들랜드 은행(건축가 : 테리 페럴)
페럴의 많은 작품들은 시선을 끄는데, 그 이유는 매우 활기 있는 도시구역에 자리를 잡고 있기 때문이다.

12. Henri Ciriani

Henri Ciriani가 마른느 라 발레에 설계한 주거단지에서 우리는 다시 한 번 포스트모던 건축의 도시성과 기념성을 볼 수 있다. 그는 분명히 근대사상의 경향과 1930년대의 근대건축사상에 의거하고 있다. 그는 그가 완벽하게 어휘를 해석해 낼 수 있는 Le Corbusier와는 한 세대의 격차를 두고 그 어휘를 사용하고 있는 것이다. 그럼에도 불구하고, 이러한 신근대적 어휘는 역사주의적 어휘처럼 현대적인 건축의 창조에 여전히 기여하고 있다. 이는 고전시대(즉 바로크시대)에 그리스 및 로마 건축 같은 고대건축을 참조함으로써 그 당시로서는 완전한 근대적인 건축을 만들어 냈던 것과 같은 이치라고 할 수 있다.

Ciriani는 쌩드니의 〈요람〉 또는 토르시의 〈유아센터〉와 같은 사회적 소명을 지닌 다른 프로젝트에서, 그는 공동주거에 부과된 편협한 기준의 틀보다는 훨씬 자유로운 입장을 취한다. 그래서 거기서의 문제는 신중함과 너그러움을 나타내면서 뚜렷하고 세련된다. 즉 건축가로서의 야심이 있다면, 그것은 또한 개인적인 미학이 요구된다는 것이다. 그의 표현에 의하면, : "… 그러나 거기에는 또한 내가 스타일 또는 방식이라고 부르는 형태적 도덕이 있다. 그것은 부분적으로 건축가의 특이성(즉 그의 정신감각적 양태), 그리고 현실의 상황적 요인, 기억 또는 외적 양식적 영향 등에 속한다. 이러한 작업방식과 개인적 시학(詩學)은 그 자체로 목적이 아니다. 그것은 피할 수 없는 필요성이다."

〈그림 9-15〉 유아센터의 내부(위)와 입면(아래), 프랑스(건축가 : 앙리 시리아니)

13. Richard Meier

Richard Meier가 뉴욕에 그의 사무소를 연 것은 1957년이다. 그러고 나서 얼마 후, 그가 설계한 코네티컷 주 다리엔의 스미스주택은 Le Corbusier의 유명한 "건축의 5원칙"(즉 필로티, 자유로운 입면, 자유로운 평면, 수평창, 옥상정원)의 재능 있는 해석으로 그에게 국제적인 명성을 가져다주게 된다. 그는 다음과 같이 그것을 강조한다.

"우리가 근대운동의 논리를 내세운다고 할지라도, 이제 기술은 더 이상 건축의 유일한 내용이 될 수는 없다. 그것은 하나의 수단에 지나지 않기 때문이다. 나는 빛에 의해 이루어지는 미의 개념을 결부시킴으로써 근대성의 조형적 영역을 확장하고 싶다. 나는 볼륨과 면, 움직임과 머무름, 스케일과 조망의 변화를 연구한다."

그의 경력의 초기부터 Meier는 일관성 있고 혁신적인 방식으로 이루어낸 자신만의 형태 어휘의 다재다능함을 가장 잘 나타내는 이러한 '공간의 서정미'의 추구에 몰두하였다. 근대운동 초기 거장들의 경우와 마찬가지로, 그의 건물에서 주된 역할을 하고 사용자에게 반향을 일으키는 것은 공간이다. 그의 '건축적 산책'은 심사숙고한 것이며, 동시에 다양한 것이었다. 그리고 내부 볼륨을 강조하는 수단으로 자연채광에 대한 그의 선호는 국제주의 양식의 최선의 전통에 속한다. 그렇지만 Meier는 언제나 자신의 개성을 각인시키는 것에 성공하고 있다.

〈그림 9-16〉 말리부의 주택, 미국 (건축가 : 리차드 마이어)

14. I. M. Pei

I. M. Pei는 Walter Gropius와 Marcel Breuer의 영향 하에 근대운동의 거장들의 시기에서 영감을 얻은 자신의 생각에 충실하면서 오랜 기간 많은 설계를 해왔다. 실제로 Pei는 빛, 구조, 그리고 동선이 같은 비중으로 다루어지는 공간의 특질을 우선시 하였다. 그렇지만, 콜로라도 주 바울더 힐의 국립대기연구센터, 워싱턴 주의 국립근대미술관, 그리고 북경의 시앙샨 호텔의 설계에서 보듯이, 부지의 요구조건에 대한 고려는 후기 모더니즘의 특징을 나타낸다. 시앙샨 호텔의 경우, 매우 민감한 역사적 부지에 중국정부는 국제주의적 양식의 탑형태의 건물을 요구하였다. 그러나 Pei는 일련의 중정과 정원 주위로 높지 않은 건물을 구성함으로써 매우 친밀한 분위기를 이룰 수 있는 설계를 하고자 하였다. 부지에 대한 이러한 그의 고려는 유리와 철로 된 루브르 박물관의 주입구인 "피라미드"의 설계에 영감을 주었다. 비록 루브르의 유리 피라미드가 건설 초기에 논란의 여지는 있었지만, 이제 그것은 매우 밀도가 높고 복잡한 건축적 문제에 대한 최선의 해결책으로 인정되고 있다.

〈그림 9-17〉 루브르의 유리 피라미드(건축가 : 아이 엠 페이)

15. Mario Botta

그의 건축과 컨텍스트 간의 관계를 정의하기 위해, Mario Botta는 5개의 원칙을 이야기한다. 첫째는 부지와 거기에 들어서게 될 건축 간의 상호적 교환의 창조이다. Botta는 모든 외생적 요소들을 배제함으로써 주어진 터(site)의 긍정적인 면을 우선시한다. 그가 "터의 건설"이라고 부르는 이러한 접근태도는 그에게는 프로그램이나 구조만큼이나 역시 중요하다. 둘째, 단순한 법규의 규제를 넘어 재료적, 심리적 그리고 상징적 영향을 검토할 수 있는 건축 부지에 대한 절대적 고려의 필요성이다. 셋째, 건축가가 진정한 경관을 창조할 수 있게 되는 것은 오직 터의 지질을 잘 파악할 때이다. 넷째, 과거에 대한 최선의 경의야말로 진정한 근대적 프로젝트를 구상하는 것이다. Aldo Rossi처럼 Botta는 인정할만한 모든 모델은 다양한 용도에 적응한다는 것을 주목한다. 그래서 그는 특히 긴 역사를 통해서 여러 기능을 수행해온 판테온을 그 예로 든다. 이러한 근대성은 기술적 또는 건설적 과시에 근거를 둔다기보다는 현실에 근거를 두고 있다. 마지막으로, 이 모든 요소들은 합리주의적 논리에 쉽게 현혹되지 않게 하는 인본주의적 그리고 초시간적 특질을 건물에 부여한다.

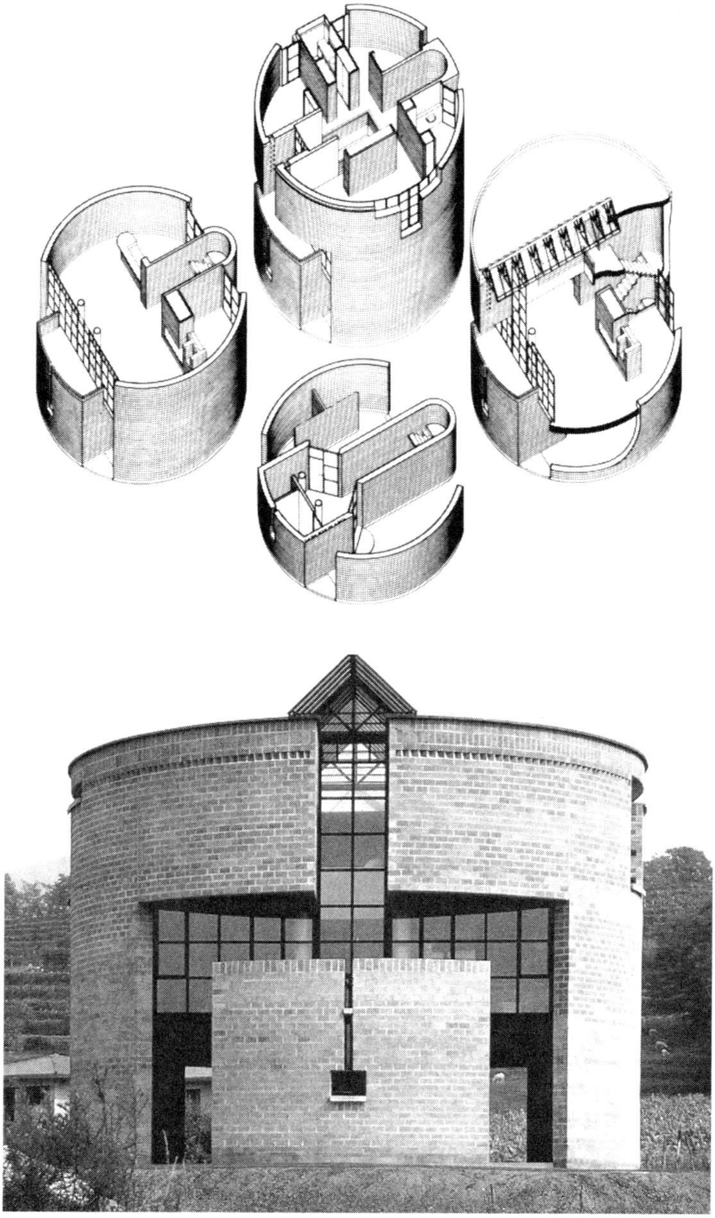

〈그림 9-18〉 로톤드 주택, 이탈리아(건축가 : 마리오 보타)

16. Dominique Perrault

이제 더 이상 분석, 방법, 과정, 주의, 처리 방식, 술수와 책략은 오늘날 도시의 생각에 대한 우리의 무능력을 감추게 하지 못한다. 그것들의 진화와 변천은 인간과 건축 간의 관계에 대한 참신한 개념을 통해서만이 일어날 수 있을 뿐이다.

이제까지 이루어진 근대건축과 거기에서 파생된 건축은 타파되어야만 한다. 그 이유는 근대의 최소주의(minimalism) 운동의 이미지는 예술과 삶을 분리시키는 간격을 만들기 때문이다.

예술과 인간 간의 관계를 배제하는 최소주의 건축은 내적 관계에 의해서 구조화되지 않고, 자율적인 요소들의 불일치와 우연에 의해 구성되며, 주어진 장소에서 동일한 볼륨 속에서 조립된다. 그것의 볼륨은 거의 비물질적이며, 아니면 느낄 수 없는 빛의 막대기이거나 또는 건축적 오브제의 은닉에 의한 사라짐으로 귀착된다. 그 형태는 무성격하고 기하학적이다. 그 스케일은 거의 밀리미터를 따질 만큼 세심하게 생각되고 계산되지만 그 재료는 무수하고 선험적이지 않다.

마침내 최소주의 건축은 반발을 야기하게 되어 있다. 건축과의 일차적 접촉은 감각적이고 물리적인 인지질서와 관계되기 때문이다. 인상은 모든 모호성이 없이 즉각적이고, 이를테면 결정적이어만 한다. 그것은 인간과 오브제 간의 단순하고 분명한 관계의 문제이다.

이제 우리는 특정한 반응을 야기하기 위해 특정한 장소와 결부된 특정한 차원을 지닌 오브제를 만듦으로써, 새로운 길을 모색할 수 있을 것이다.

〈그림 9-19〉 파리 국립도서관(건축가 : 도미니끄 페로)

〈그림 9-20〉 이화여대 캠퍼스, 서울(건축가 : 도미니끄 페로)

17. Jean Nouvel

Jean Nouvel이 설계한 부종에 있는 아름다운 이 병원건물은 포스트모던 건축에 있어 구조나 시공기술의 역할을 매우 흥미로운 방식으로 보여주고 있다. 이 건물에서 Jean Nouvel은 잘 알려진 기법을 취했는데, 그것은 일반적으로 철도의 차량에 사용되는 길게 늘인 강철판을 사용하였던 것이다. 그런데 그때까지의 근대건축은 구조나 시공기술에 철저하게 제약을 받아왔다. 그러나 이제는 구조 및 시공기술은 거의 완벽하게 알려지고 습득되어졌고, 그 결과 그러한 기술은 종종 새로운 건축형태의 계기가 되어 왔다.

그렇기 때문에 Jean Nouvel의 이 작품에서 기술은 불가피한 구조적 필요성과는 무관하다. 그것은 우리시대의 일련의 모든 집착, 즉 산업, 대량 생산, 속도, 그리고 이와 동시에 상상적인 것, 시적인 것, 근대성에 상징적으로 관계된다. 이점에 있어 Baudelaire가 근대성에 대해 "그것은 일시적이고 사라지기 쉬우며 우연적인 것으로 예술의 반쪽인바, 다른 반쪽은 영원함과 불변함이다"라고 한 말은 음미할 만하다.

〈그림 9-21〉 부종의 병원건물, 프랑스 (건축가 : 장 누벨)

18. Frank Gehry

그의 작품에 산재해 있는 형태적 분리는 Frank Gehry를 종종 해체주의자로 여기게 하지만, 그는 의도적으로 해체주의를 추구하지는 않았다. 실제로 오히려 그는 조각나고 가변적인 환경에 민감한 중간자로 자처하였다. '로스앤젤레스 학파'의 창시자로서 Gehry는 중심이 없고 그리고 자동차가 그 특유의 하위문화를 낳은 혼란스런 이 도시에 그 어떤 표정을 주고자 한 최초의 인물이었다. Gehry의 건물들은 그의 도시에서뿐만 아니라 또한 다른 거대도시에서도 도시적 조건을 표현하려고 한 미완성의 특질을 지니고 있다. 그가 부여하는 이미지는 그것을 치장하는 수수한 재료의 선택에 의해 더욱 눈에 띈다. 즉 합판, 골함석이나 함석, 울타리 철망 같은 것이 그러한 재료들이다. 그의 건물들은 대단히 진부한 오브제들이 그 내적 미를 드러내는 방식으로 병치되는 Kurt Schwitters의 꼴라쥬와 비교될 만하다. Gehry는 예술과의 이러한 직접적인 관계를 확고히 하였다.:

"나는 예술가들의 작업에서 영감을 끌어낸다. 나는 문화의 부담으로부터 벗어나려고 애쓴다. 그래서 나는 언제나 새로운 길을 찾아왔다. 나는 정해진 규칙이 아닌, 좋거나 나쁨이 아닌, 열린 정신을 견지하고자 한다. 나는 아름다움과 추함 간의 차이를 분간하기가 어렵다."

예술가이며 건축가로서 Gehry는 기능적이거나 프로그램적 요구보다는 그의 건물의 조각적(彫刻的)인 면에 더 관심을 두는 듯하다. 외견상 실용주의가 결여된 것처럼 보여도, 그는 건축주의 요구사항에 매우 신경을 쓴다. Gehry의 작품이 우리 시대의 건축에 매우 특별한 기여를 하게 만드는 것은, 바로 근대적 조건을 고려하면서도 장난스러운 기질과 전문가적 책임 간의 위태로운 균형을 유지하는 이러한 그의 능력이다.

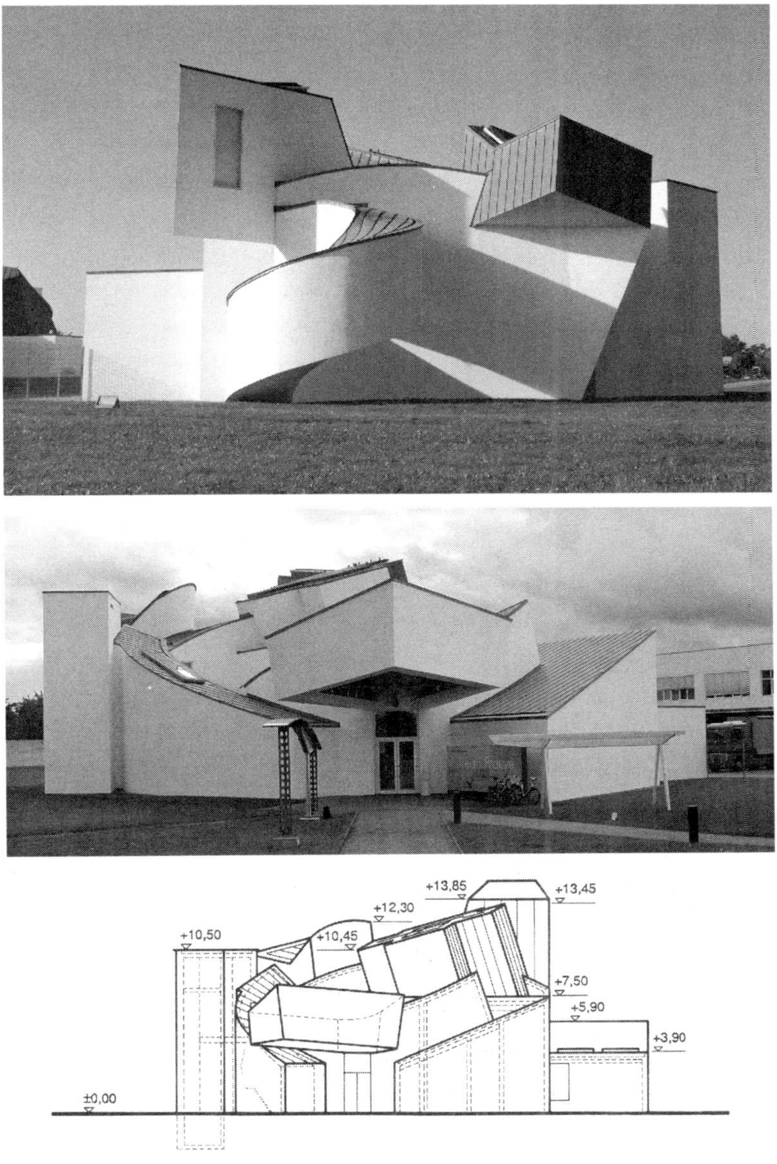

〈그림 9-22〉 비트라 디자인 박물관(상, 중)과 단면도(하), 독일(건축가 : 프랭크 게리)

〈그림 9-23〉 빌바오 구겐하임 미술관 전경(위)과 입구 부분(아래)(건축가 : 프랭크 게리)

19. Hans Hollein

1978년과 1982년 사이에 지어진 뮌헨글라드바하 미술관은 1980년대 초의 주목할 만한 작품 가운데 하나이다. 그것은 또한 Hans Hollein의 최초의 대규모 프로젝트로서 그의 경력에 한 획을 긋는 작품이다. Wagner, Hoffmann 그리고 Loos 등의 작품, 시당국의 프로그램 및 쎄세션 운동과 같은 20세기 초의 비엔나식 전통에서 볼 때, Hollein의 이전의 건축은 그 위상에 있어 심한 비판을 불러 일으켰다. 실제로 디테일에 대한 세심한 배려, 돌에 대한 충분한 지식, 사치스러우나 잘 어울리지 않는 재료의 결합 솜씨는 이러한 유산을 어느 정도 확인하게 한다. 그렇지만 뮌헨글라드바하 미술관에서는 그의 초기의 건물들의 특징이었던 미적 세련됨을 느낄 수 없다. 최근에 와서야 Hollein이 초기의 감수성을 회복한 듯이 보인다. 영국, 콤튼 베르니 오페라 극장을 위한 프로젝트에 대해 그는 다음과 같이 말한다. :

"이 건물 전체는 역사적인 경관 및 환경과 대화하도록 구상되었다. 작은 스케일의 건물은 특히 기본 유형이 큰 오브제와 결합될 때에는 잘 맞지는 않을 수 있지만, 전체적으로는 주어진 부지에 매우 잘 통합될 수 있다."

그의 작품 중 비교적 널리 알려진 비엔나의 하스 건물은 Hollein이 스케일에 대한 예리한 의식을 지니고 있음을 분명하게 보여준다.

〈그림 9-24〉 하스 건물, 비엔나, 오스트리아(건축가 : 한스 홀라인)

20. Zaha Hadid

Zaha Hadid는 그녀가 뛰어난 성적으로 입상을 한 1983년 홍콩 피크 클럽을 위한 현상설계가 끝나자, 국제적인 명성을 얻었다. 그녀를 위해 도쿄에서 열린 전시회 카탈로그의 서문에서, 일본 건축가 Arata Isozaki는 그녀의 작품 선정에 그가 결정적인 역할을 했음을 언급하고 있다. 큰 국제적 설계경기에서 당선작 선정 기준 이외에, Isozaki는 그녀의 작품을 지지한 이유를 설명하고 있다. 그는 절대주의적 구성의 형태로 예사롭지 않은 표현방식의 직접적인 결과로 나타나는 그녀 작품의 표현의 독창성과 논리적인 힘에 감동받았다고 말한다. 결론적으로 Isozaki는 Hadid와 절대주의(Suprematism) 간의 관계를 언급하고, 그 이후 건축가 Hadid의 작업이 발전되어온 과정을 잘 설명하고 있다. "그녀의 스타일의 전개 원칙들은 건축적 프로그램을 어기고 파괴하였다. 달리 말하면, 전례 없는 구성 속에서 이러한 스타일에 고유한 내재적 힘에 몰두하였던 것이다"라고 Isozaki는 말한다.

Isozaki가 언급한 그 '힘'은 절대주의의 창시자인 화가 Kazimir Malevitch의 작업을 명시적으로 암시하고 있다. 이러한 힘은 공간 속에서 끝없이 떠있는 일련의 기하학적 면의 형태로 '색깔의 신호기'를 나타냄으로써, 그때까지 탐구되지 않았던 영역인 '4차원의 힘'을 나타내고자 한 것이다.

개념의 과정에서 Hadid는 건축가의 오랜 적(敵)인 중력의 굴레에서 그렇게 해방되었다. 절대주의는 그녀에게 기능주의적 구속에서 벗어나 화려한 그래피즘을 사용할 수 있게 하였다. 형태가 중력의 법칙을 회복할 때, 형태는 그 원래의 자유에 대한 기억을 그 안에 새겨 간직하게 된다.

〈그림 9-25〉 공동주거계획안, 베를린, 독일 (건축가 : 자하 하디드)
선택된 퍼스펙티브는 프로젝트된 건물의 크기를 과장한다. 그리고 같은 이유로 그것이 주게 되는 힘의 느낌도 과장된다.

〈그림 9-26〉 동대문 디자인 플라자, 서울(건축가 : 자하 하디드)

21. Peter Eisenman

Peter Eisenman의 작품의 가장 주목할 만한 면 중의 하나는 근대주의의 딜레마를 분명하게 보여주는 이론적 모델의 예시에 있다. Marshall Berman에 의하면, 이러한 딜레마를 벗어나게 하는 열쇠가 있는 데, 그것은 포스트 산업시대는 전례 없는 기술적 능력과 동시에 그에 따른 엄청난 파괴의 위험에 필연적으로 직면하게 된다는 것인바, 이는 우리 시대의 특징인 '붕괴의 소용돌이와 끊임없는 부활'에서 비롯된다는 것이다. Eisenman은 한편으로는 '근대적 감수성'을 표현할 필요성과, 다른 한편으로는 전산업시대의 인간적인 냄새가 나는 초기 근대운동의 기능주의적 교리를 구분한다. 진정으로 근대적인 미학을 선택하면서 Eisenman은 순수한 기능도, 그것의 직접적인 형태적 표현도 부정하는 '탈중심적' 건축을 구상하였다.

I에서부터 X까지 번호를 매긴 그의 초기의 실험주택들이 *不在*만큼이나 *存在*를 중첩시키는 구문법으로부터 영감을 받은 반면에, 그의 최근의 프로젝트들은 플라톤식 견고함과는 달리 분명한 중심이 없는 형태에 의거하고 있으며, 그래서 '포스트 기능주의자'로서의 그의 위치에 맞추고 있다. 오늘날 그는 더욱 더 국내 건축의 영역을 벗어나서 작업을 한다. 조만간에 어느 정도까지 그러한 입장을 유지하게 될지 알게 될 것이다. 지금으로써는 근대주의의 딜레마를 매우 잘 요약하고, 그래서 Eisenman의 최근의 작업에 적용될 수 있는 것으로 보이는 Dostoievski의 글을 인용하는 것에 만족해야 할 것이다. : "얼마나 인간은 창조하기를 좋아하는지는(…), 명백한 일이다. 그러나 인간은 그 목표를 달성하는 것을, 그리고 그가 짓는 건물을 완성하는 것을 두려워할 수도 있다. 누가 알리요? 아마도 그 건물을 멀리서 보게 될 때만 좋아하는 것은 아닌지, 거기에 아무도 살지 않는 건물을 짓기를 원하는 것은 아닌지…"

가장 최근의 프로젝트들에서 Peter Eisenman은 오늘날의 그의 작업을 이끄는 '간격과 탈중심'에 대한 관심을 분명하게 보여주고 있다.

그래서 비록 개인적인 연구가 아닌 더 중요한 실제 프로젝트를 하면서도 포스트 기능적인 태도를 견지하려고 노력하고 있다.

〈그림 9-27〉 웩스너 시각예술센타, 오하이오, 미국 (건축가 : 피터 아이젠만)

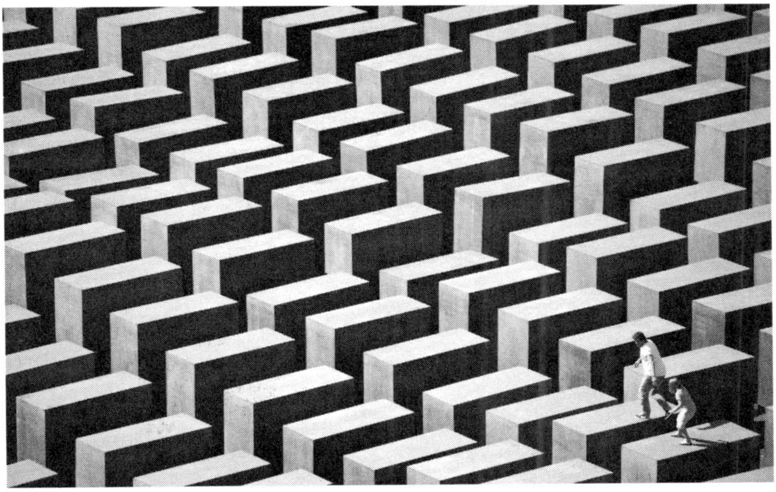

〈그림 9-28〉 유대인 학살 추모관, 베를린, 독일 (건축가 : 피터 아이젠만)

22. Bernard Tschumi

이미 제임스 조이스 정원과 맨해튼 트랜스크립트를 위한 프로젝트에서 '분리적인' 기법을 사용하면서, Bernard Tschumi는 문학과 건축간에 다리를 놓았으며, 그래서 해체주의의 선구자 중 한사람으로 자처하였다. 빌레뜨 공원과 그로닌게 유리건물에서 보여준 것처럼, 이러한 이론은 다음의 세 가지 특징적인 면을 포함하고 있다. : 1) '분리'를 위하여 종합적인 해결의 거부, 2) 기능주의적 원리들을 형태적 그리고 기능적 요소들의 '중첩'으로 대치, 3) 새로운 '건축체계'를 목표로 하는 분석 장치 같은 분열된 조각들의 사용.

Tschumi에게 있어 분리의 개념은 과거의 관행과 오늘날 사회생활의 조건 간의 이분법을 참조하게 한다. 대체로 이러한 관행은 형태와 기능, 프로그램과 컨텍스트, 구조와 의미 간의 융합으로부터 영감을 얻는다. 이러한 융합은 그 근원을 통일되고 중심적이고 자동발생적인 주체의 믿음에서 찾는데, 그것의 자율성은 작품 그 자체로 표현된다. 그러나 어울리지 않는 잠재적인 요소들의 종합, 조화 그리고 우연한 일치를 강조하는 오래전부터의 이러한 관행은, 어떤 순간에 그들의 문화로부터 분리된다. 그의 프로젝트에서 Tschumi는 이러한 문화 조건의 재평가에 의해 고치려고 노력한다. 라 빌레뜨에서 그는 일련의 High-Tech 축에 의해 기대되는 경관으로 대체함으로써, 이미 인정된 도시 내 공원의 원형에 대해 문제를 제기하고 있다.

〈그림 9-29〉 라 빌레뜨 공원의 선적 공간(위) 그리고 폴리(아래), 파리
(건축가 : 베르나르 츄미)

23. Daniel Libeskind

건축을 쓰여 있던 글자를 지우고 거기에 다시 글자를 써 넣는 양피지(palimpsest)처럼 생각하게끔 한 원조는 의심의 여지없이 Umberto Eco에 돌려야 한다. Daniel Libeskind는 오브제의 지움이 그 파괴를 의미한다고 믿는 것을 완강하게 거부한다. 그렇지만 그가 인정하는 것은, 근대적 삶의 리듬은 건축을 보는 우리의 방식을 철저하게 수정하게 하며, 그리고 그러기 위해 전적으로 새로운 언어를 만들게 한다는 것이다. :

“프로젝트를 착수하자마자, 즉 종이에 펜을 대자마자, 디자이너는 오브제에서 벗어나고, 그것에 대한 선례를 무효화하며, 목적을 이루고자하는 일련의 끝없는 원리들을 만들어 내고자 한다. 그러나 이런 식으로 이루어진 지금까지의 건축은 잘못된 길을 걸어왔다. 특히 이러한 건축에서는 겸손이 결여됐다. 이제 건축적 사고는 더 이상 없다. 건축은 더 이상 건축 그 자체를 참조할 수 없다. 건축은 과거로 그 방향을 돌리고 있는 중이다. 즉 건축은 종결부 단계에 접어든 것이다. 무엇으로부터라고 하는 EX 코드는 판독할 수 없는 X가 되었고, 비독창적인 것으로부터 창조하기 위해 그 근원과 독창성과 타협하는 고전의 사본으로서의 CODEX는 불확실성과 공허함 위에 죽은 언어를 세웠다”라고 그는 말한다.

Libeskind가 창조하고자 하는 Codex에서, 비록 그 구문법이 종종 전혀 다를지라도 우리의 낡은 언어는 새로운 언어의 형성에 필수적이다.

〈그림 9-30〉 베를린 유태인 박물관, 독일(건축가 : 다니엘 리베스킨트)

〈그림 9-31〉 Creative media center, 홍콩(건축가 : 다니엘 리베스킨트)

24. Site

"Sculpture in the Environment"의 머리글자를 딴, Site 그룹은 그 목적을 조금도 감추지 않는다. 건축가, 사회학자 그리고 예술가로 이루어진 그룹 Site는 그들이 "탈건축"이라고 부르는 것을 통하여 새로운 개념적 영역을 탐색하고자 한다. 그것은 환경에 그 어떤 것을 단순히 추가하는 것이 아니라 환경과 대화를 하게 하는 개입방식을 말한다. Site의 주요 멤버는 James Wines, Alison Sky 그리고 Michelle Stone이다. 그들의 작품에는 베스트 프로닥트 회사를 위한 일련의 가게들이 포함되는데, 버지니아 리치몬드의 껍질 프로젝트, 캘리포니아 새크라멘토의 이가 빠진 프로젝트, 텍사스 휴스턴의 미완성 파사드, 그리고 메릴랜드 타우슨의 기울어진 가게가 그것들이다. 이러한 지역 전시장들은 글자 그대로 괄목할 만한 상업건축의 증가와 소비사회의 일시적 특성이라고 하는 견지에서 본다면 풍자적인 것들이다.

Site 그룹에게 생태학은 변함없는 주된 관심사이다. 그리고 그들의 탈건축의 개념은 환경에 인공요소들을 일치시키는 것에 관하여 진지하고 서정적이며 풍자적인 논평을 제공한다. 비판적 가치의 덕택으로 양식적 범위를 벗어나는 그들의 프로젝트는 Site에게 건축계에서의 독특한 위치를 가져다주었다.

〈그림 9-32〉 생태건축 (건축가 : 그룹 Site)

〈그림 9-33〉 베스트 가게 (건축가 : 그룹 Site)

X. 공존방식으로써 변형의 의미와 태도

근대논리에 의해 이루어지는 아파트 단지의 설계 과정을 살펴보면 대체로 다음과 같은 과정을 통해서 이루어지고 있다. 우선 주어진 프로그램을 잘 충족시키는 몇 개의 단위 평면(unit plan)을 계획한 다음, 그것을 적당한 길이로 결합한 棟건물(block plan)을 설정한 후, 정해진 인동간격에 의해 요구되는 세대수만큼 기계적으로 나열하는 순서로 이루어진다. 그런데 이런 과정에서는 그 어떤 모순과 갈등이 존재하지 않는다. 왜냐하면 이러한 계획 과정에서는 사용자의 다양한 욕구, 주어진 물리적 및 사회문화적 컨텍스트의 차이 등이 무시됨으로써 그로 인해 야기될 수 있는 모든 모순과 갈등을 사전에 제거했기 때문이다. 이는 객관성과 보편성의 원리에 입각하여 언제 어디에서나 그리고 그 누구에게나 아무런 차별 없이 한결같이 적용될 수 있는 이상적인 거주환경을 추구했던 근대논리에 의거했기 때문이다. 그러나 이는 결코 현실적이지 못한 그야말로 한낱 이상에 지나지 않는다. 왜냐하면 결국 우리의 존재는 특정한 시대에 특정한 장소에 존재할 수 밖에 없을 뿐만 아니라, 우리 자신 역시 특정한 존재들이기 때문이다.

실제로 현실 속에서의 건축의 형태는 그것의 구상 및 프로그래밍 단계에 개입되는 여러 가지의 내적 및 외적 요구조건에 의해서 뿐만 아니라, 또한 건축가가 의지하는 그 어떤 형태적 선례(즉 모델), 건축가의 미적 의식, 그리고 자신만의 취향이나 스타일 등에 의해 구체화되는 복잡한 과정의 산물이다. 그런데 이러한 여러 조건들 간에는 서로 상충되는 요소들이 있을 수 있다. 따라서 이러한 다양한 조건들을 종합적으로 고려해야 하는 설계과정에서는 언제나 관련된 요구 조건들 간에 갈등과 모순이 존재하기 마련이다. 그러므로 건축가는 구상 단계에서 의도했던 형태를 그대로 유지하지 못하고 다소간의 그 어떤 변형을 가함으로써 설계 과정에서 야기되는 이러한 모순과 갈등을 해결하게 된다.

변형을 통하여 문제를 해결하고자 하는 건축가의 이러한 노력은 형태의 존재방식에 대한 생각을 하게 한다. 즉 건축가의 의도된 형태가 그대로 온전하게 유지되는 경우는 특별한 경우를 제외하고는 거의 없기 때문에, 그 형태의 변형은 주어진 상황에 적응함으로써 내재된 갈등과 모순의 화해하고자 하는 공존의 방식을 나타낸다. 이러한 공존방식은 매우 다양하고 미묘하여 그 어떤 체계적인 과정의 산물로서의 형태(즉 결정주의)에는 없는 구성적 풍부함을 지닐 수 있고, 이에 따른 디자이너의 구성적 솜씨가 발휘될 수 있는 여지도 있다. 또한 변형에 대한 이러한 이해는 그것이 다소 이상하고 사소한 것처럼 보여 이제까지의 그 어떤 분류체계에 속하지 못하고 연구의 대상이 되지 못 한 것들도 엄연한 하나의 존재방식임을 알게 한다. 그리하여 형태를 구상하는 과정에 있어 열린 태도를 견지할 수 있게 한다.

이제 건축설계과정에서 빈번히 나타나는 형태의 변형에 대해 그것의 개념 및 출현조건을 살펴보고, 그것의 의미와 태도를 규명함으로써, 한편으로는 건축 형태의 존재방식에 대한 깊이 있는 이해를 제고함과 동시에 다른 한편으로는 공존과 적응을 위한 열린 체계의 중요성을 강조하고자 한다.

1. 변형의 개념

1) 형태 체계에서 변형의 위치

변형은 일반적으로 알려진 두 가지 건축 형태(즉, 기하학적 형태와 유기적 형태)와 관련하여 그 위치를 설정할 수 있다. 기하학적 형태는 형태에 관계가 정의된 체계를 부과하는 것이 그 특징이다. 유기적 형태는 분명히 기하학적 꼴의 부재 그리고 주어진 컨텍스트에 형태의 지속적인 적응이 그 특징이다. 소위 자연적 또는 자연발생적인 형태는 일반적으로 이러한 범주에 속한다. 따라서 변형된 형태(또는 변형)는 앞의 두 개의 범주 간의 과도적인 형태로서 나타난다. 즉, 기학적인 것에서 유기적인 것으로, 그리고 가끔은 거꾸로 유기적인 것에서 기하학적인 것으로의 형태적 변화가 그것이다. 이러한 변형의 특수성의 하나는 그 형태의 우연적인 성격인데, 이것이 변화하는 형태와 결부된다. 일반화하기는 어려우나 변형은 많은 건축가들의 작품에 있어, 기하학적 형태나 유기적 형태 곁에 외면할 수 없는 위치를 차지하고 있음을 알 수 있다.

2) 변형의 출현 조건

변형이 있기 위해서는 다음과 같은 것이 필요하다. 우선 대상물을 구상하는 동안에 모순이 생겨야 하고, 그러한 모순은 그 수준에서 해결되지 못하고 형태의 수준까지 내려가야 한다.[31] 이러한 모순이 위치관계와 불복종의 그 어떤 형태적 상황을 야기해야 한다. 이러한 모순은 오직 형태적 수준의 요소에 의해 담당되어야 한다.

---

31) 모순의 출현상황은 다음과 같은 것들이 있다. : 프로그램 내용 간의 모순, 프로그램 내용과 컨텍스트 간의 모순, 프로그램과 형태적 모델 간의 모순, 형태적 모델과 컨텍스트 간의 모순, 컨텍스트의 두 내용 간의 모순, 두 개의 형태적 모델 간의 모순. 이러한 모순의 출현 상황으로부터 두 가지 범주의 모순을 구별할 수 있다. 그 하나는 프로그램과 물리적 컨텍스트의 주어진 내용으로부터 어쩔 수 없이 생겨나는 기능적 비양립성이고, 다른 하나는 의도적인 형태적 의지나 경우에 따라서는 모델의 참조이다. 또한 두 가지 유형의 양식적 의지를 구별할 수 있다. 그 하나는 양식적이라고 부를 수 있는 것으로, 하나의 미적 질서를 유지하거나 회복하기 위해 변형을 하는 것이며, 따라서 그 어떤 형태적 통합을 이루게 된다. 다른 하나는 기호론적이라고 부를 수 있는 것으로, 눈에 띄게 하기 위해 또는 차별화하기 위해 형태를 부분적으로 변형하는 것이며, 따라서 그 어떤 분열이 이루어진다.

변형을 말한다는 것은 그것이 유래하는 원래의 형태가 존재할 때만 의미가 있다. 이러한 원래의 형태는 변형에서 인지될 수 있어야만 한다. 그리고 이러한 변형의 원인에 관련될 수 있는 판단과는 무관하게 변형은 인지되거나 감지될 수 있어야 한다.

3) 변형의 정의

변형이란 실제적 또는 가상적 형태를 수식하는 행위이다.[32] 그 기능은 모순적인 컨텍스트에 적응할 필요성과 지주나 모델로 사용되는 구체적 또는 이상적 형태 간의 균형을 세우는 것이다. 변형의 근원은 모순적인 두 개의 복종이라는 구속 조건이며, 상황적 적응 또는 미적 회복을 가능하게 하는 형태의 기하학적 형(型) 또는 질서(경우에 따라서는 유기적인 型)의 부분적 및 부수적인 수식에 의해 표현된다. 이러한 표현을 통하여 변형은 다소간 의식적인 구성방식을 이룬다.

이런 의미에서 변형은 건축적 구상의 문제에서 모델과 동일시되는 가능한 하나의 기법으로 고려될 수 있다. 그러나 여기서 모델의 성질은 좀처럼 총괄적이지 않다. 즉 일반적으로 변형은 모델의 구성 요소나 구성 수준 가운데 그 어느 한 가지에만 또는 경우에 따라서는 기능적 구성에만 의거하게 된다.[33] 따라서 건축(또는 도시) 형태에서 변형이 가장 잘 일어나기 쉬운 것은 전체의 복제가 아닌 형태의 부분이다. 즉 모델로부터 나오는 것으로 여겨지지 않는 형태의 부분이다.

---

32) 여기서 가상적 형태란 原型이나 類型처럼 구체적 형태로 존재하는 것이 아닌 일종의 圖式으로 존재하는 것을 말한다.

33) 예컨대, Ledoux는 Palladio가 설계한 로톤다의 외관을 모델로 삼았지 내적 공간구성을 모델로 삼지 않았다. 마찬가지로 고대의 것을 참조하는 것은 일반적으로 기능적이라기보다는 형식적이다.

2. 변형의 의미

변형은 단지 우연한 현상이 아니라 변형의 출현 조건에서 살펴보았듯이 그 이면에는 나름대로의 이유가 있기 때문에 의미적이다. 즉, 구상을 하는 중에 모순이 나타나는 방식뿐만 아니라 해결되는 방식 역시 어느 정도 정확하게 목록의 작성과 분류가 가능하다는 사실 역시 선택된 변형이 의미적이라는 것을 반증한다.

1) 변형의 외적 의미

변형을 일으키게 하는 모순의 원인은 매우 복잡하고 미묘할 수 있기 때문에 파악하기가 어렵지만, 그로 인한 변형의 외적 의미는 변형의 세 가지 양태에 의해 살펴볼 수 있다.

a. 변형의 수준에 의해

변형이 어디에서 일어나는가를 나타내는 변형의 수준에 의해 건축 형태의 여러 수준 간의 위계를 알 수 있게 된다.[34] 변형을 특정한 어느 한 수준에 적용하거나 또는 한 수준에서 다른 수준으로 넘어가게 하는 것은 관심을 두는 수준에 부여하는 가치를 나타낼 수 있다. 일반적으로 변형의 대상 수준은 부수적으로 여기는 것이거나, 아니면 거꾸로 특수한 경우에서 강조하고자 하는 것이다. 그러므로 변형은 형태의 여러 수준 간의 위계를 나타낸다.

예를 들면, 건축 형태가 주어진 지형과 전혀 무관하게 놓여 있을 경우, 지형에 맞춰 건축 형태를 변형시켰을 경우, 지형을 변형시켰을 경우, 그리고 건축 형태와 지형을 상호 변형을 시켰을 경우를 생각한다면, 여기에서 건축 형태와 지형에 부여된 가치를 알 수 있다. 즉 첫

34) 건축 형태에 대한 변형의 수준에는 전체적인 볼륨, 외피, 내피, 내브 공간, 내부 파티션이 있고, 도시 형태에 대한 변형의 수준에는 도시 외관(즉 도시의 외피), 전체 면적, 가로망, 필지망이 있다.

번째와 마지막 경우는 동등한 가치를 나타내며, 나머지 두 경우에서는 다른 것에 비하여 그 하나의 가치가 동등하지 않음을 나타낸다.

변형이 수준들 간의 위계를 나타낼 수 있다는 것으로부터 그것은 또한 그러한 위계를 통하여 이룰 수 있는 수준들 간의 그 어떤 통합의 의지를 나타낸다고도 할 수 있다.

b. 변형의 유형에 의해

또한 변형의 각 수준에 대해 변형이 어떤 식으로 일어나는가를 나타내는 변형의 유형에 의해 설계자가 그러한 방식에 부여하는 가치를 알 수 있다.35) 즉 변형의 유형에 대한 설계자의 취향, 즐겨 사용하는 변형의 형태어휘 등을 알 수 있다.

c. 변형의 폭에 의해

그리고 변형이 일어난 정도를 나타내는 변형의 폭에 의해 변형에 대한 설계자의 능력이나 또는 변형에 부여하고자 하는 중요성의 정도를 알 수 있다. 즉 변형의 폭이 크다는 것은 변형에 대한 설계자의 능숙한 솜씨와 함께 변형의 중요성이 크다는 것을 나타낼 수 있다.

2) 변형의 내적 의미

변형이 존재한다는 것은 의도된 형태로는 해결될 수 없는 모순이 존재한다는 것을 의미한다. 이러한 모순에 대한 대응방식에서 변형의 내적 의미를 살펴볼 수 있다.

---

35) 변형의 유형은 볼륨이나 공간에 대해서는 미끄러짐, 따내기, 비틀기가 있고, 외관(외피)에 대해서는 부풀음, 패임, 절단이 있고, 선에 대해서는 굴곡, 이탈, 경사가 있으며, 조직망에 대해서는 수렴, 굴곡, 이탈, 경사가 있다.

a. 모순이 변형으로 표현될 때

모순이 변형으로 표현될 때, 그것은 다음과 같은 것을 의미할 수 있다.

첫째, 의도된 형태를 고집하지 않고 상황에 맞춰가는 것을 당연한 것으로 여김으로써, 문제를 무시하거나 인식하지 않음을 의미한다. 이 경우는 '로마에 가면 로마인들이 하는 대로 하라'라는 말이 있듯이, 자신의 의도를 모나게 고집하지 않고 주어진 상황에 거부감 없이 맞춰가는 것을 당연하게 여기는 것을 의미한다. 마치 고려 말 이방원의 '하여가(何如歌)'처럼, 아무러면 어떠랴, 되는대로 주어진 것에 맞춰가며 살아가야지라고 하는 존재방식의 표현이다. 건축에서의 이러한 경우는 긴 시간에 걸쳐 주어진 컨텍스트에 적응되어 온 토속건축이나 농촌 주거 등에서 볼 수 있으며, 사람들의 삶에 비유하면 대대로 주어진 터에서 적응하면서 그렇게 살아온 민중들의 삶의 방식이 여기에 해당된다.

둘째, 변형이 내키지는 않더라도 달리 해결할 방도를 찾지 못한 경우이거나 아니면, 의식적으로 의도된 형태의 변형을 인정하는 경우인데, 그 이유는 모순을 완전하게 통합할 수 없음을 알거나 또는 그 현상을 부수적인 것으로 생각하기 때문이다. 그러므로 해결책은 숨김없이 이루어지며 갈등은 형태에 새겨진 채로 있게 된다. 그렇지만 이 경우엔 비록 지금은 이런 저런 이유로 어쩔 수 변형이 이루어지고 있지만, 앞으로 기회가 되면 또는 그 어떤 능력이나 힘이 생기게 되면 원래의 형태를 회복해야지라고 하는 의도도 포함되어 있다.

셋째, 변형을 의식적으로 사용함으로써 설계자의 여유나 그 어떤 파격적인 미를 나타낸다. 이는 음악에서 의도적으로 불협화음을 사용하는 것과 같은 경우이다. 즉 의미 있는 가치를 위해 변형을 사용하는 것으로, 그것의 목적은 건축적 연속성에 왜곡을 도입함으로써 변화를 일으키고자 하는 뚜렷한 의식적인 작용이다.

물이 맑으면 고기가 모이지 않고 사람이 너무 까다로우면 그를 따르는 사람이 없듯이, 완벽함은 오히려 지루함과 거부감이 생겨난다. 따라서 약간 모자란 듯, 부족한 듯, 약간 벗어난 듯하게 표현하는 것이 진정한 멋이고 여유이다. 그러므로 변형의 이러한 의식적인 이용은 디자이너의 능숙한 구성기법과 형태에 대한 깊은 안목을 보여주는 것이다. 따라서 이 경우엔 디자이너의 자신감, 개성 및 취향을 의식적으로 드러냄으로써 유별나게 하고자 하는 의지의 표현으로 볼 수 있다.

b. 모순이 변형으로 표현되지 못하거나 거의 표현되지 못할 때

거꾸로 모순이 변형으로 표현되지 못하거나 거의 표현되지 못할 때, 그것은 다음과 같은 것을 의미할 수 있다.

첫째, 명백한 문제의식을 나타낸다. 여기서 디자이너는 오로지 순수한 형태의 사용, 불완전하고 임의적인 형태의 거부, 그리고 공간의 체계적인 기하학화만을 고집한다. 이 경우, 디자이너가 염두에 두고 있는 건축적 모델은 분명해지고 매우 강하게 작용한다. 여하튼 이러한 문제의식은 디자이너가 형태에 대한 뚜렷한 의식과 적절한 건축문화를 소유하고 있을 때만 존재할 수 있다. 마치 정몽주의 '단심가(丹心歌)'에서처럼 결코 상황의 변화에 타협함이 없이 확고한 소신을 고집하는 경우와 같다고 하겠다. 따라서 이 경우는 예나 격식, 그리고 충과 의를 중시한 과거의 선비나 충신들의 삶의 방식에 비유될 수 있다.

둘째, 디자이너의 능숙한 구성 솜씨를 나타낸다. 형태 속에 잠재해 있는 갈등의 이유가 무엇이든 최종 형태에 그러한 갈등이 마치 없는 것처럼 보이게 하기 위해 디자이너의 능숙한 구성적 솜씨를 발휘하여 특수한 해결방안이나 적당한 구성기법을 모색한다. 이는 비록 변형이 이루어지긴 했지만 교묘하게 처리를 하여 마치 겉으로 보기에는 그러한 변형이 드러나지 않게 되는 경우이다. 이는 주어진 상황의 변화에 대응하여 그때그때 능숙하게 변신을 할 수 있는 기막힌 적응능력이 있어 다른 사람들에게는 그러한 변신이 겉으로 감지가 되지 않는 사람들의 삶에 비유된다.

셋째, 연속성이나 숨김의 의지를 나타낸다. 건축적 담론을 깨는 것이 그 목적인 유별나게 하는 것과는 반대로, 이 경우는 있을 수 있는 모순을 감추면서 가능하면 가장 충실하게 그리고 가장 완전하게 건축적 담론을 연장하려고 한다. 이 경우는 모순과 갈등을 속으로 감추고 삭이면서 자기합리화를 통해 견디는 것이다. 그렇기 때문에 일단은 변형은 이루어지지 않는다. 그러나 적당한 기회가 오면 변형이 일어날 가능성은 언제나 있다. 바둑 격언에 '모르면 손을 빼라'라는 말이 있다. 이 말은 상황은 언제나 가변적이고 따라서 앞으로 적절하게 대응할 수 있는 순간이 도래할 수 있다는 것과 그리고 지금의 어려움은 오히려 긍정적인 것으로 바뀔 수도 있다는 것을 암시한다. 따라서 앞에서 살펴본 모순이 변형으로 표현될 때의 두 번째 경우와는 정반대가 되는 경우라고 볼 수 있다. 즉 지금은 이런 저런 이유로 어쩔 수 없이 주어진 상황에서 이 상태로 견뎌야만 하는 것이 최선이기에, 비록 지금의 갈등과 모순에 대응하여 드러내놓고 그 어떤 대응(즉 변형)을 할 수는 없지만, 상황이 바뀌게 되면 대응을 하겠다는 디자이너의 의지와 기다릴 줄 아는 지혜의 표현이라고 볼 수 있다.

3. 변형의 태도

1) 변형의 거부

여기엔 세 가지의 태도가 있다.

a. 엄밀한 의미에서의 거부

이는 변형이 전혀 없거나 전체 형태를 체계적인 기하학적 형태화로 나타나는 경우이다. 예컨대 궁궐, 신전, 그리고 기념적 건축의 경우와 주어진 컨텍스트를 무시한 대부분의 근대건축의 경우가 그러하다. 즉 주어진 컨텍스트와의 형태적 관계를 고려함이 없이 그 자체에 의해 그리고 그 자체를 위해 이루어진 건축들이다. 이러한 태도는 어떻게 해서든지 의도된 형태의 온전함을 보존하고자 하는 의지의 결과이다.

이 경우, 주어진 상황과의 갈등과 모순은 적당한 거리를 두거나 완충공간의 도입으로 제각각의 영역을 확보해주거나 선형적 나열로 해결한다. 자신이 강력한 힘을 지니고 있을 경우에는 주변의 상황에 따르지 않고 오히려 주변을 지배하게 된다. 또 애당초 독불장군처럼 행동하게 되면 그러한 것들은 상호 관계를 갖지 못하고 제각각 놀게 된다. 그러나 이 경우는 주어진 컨텍스트와의 유기적 구성이 이루어지지 않고 단지 나열될 위험이 있다.

b. 부분적 거부

이는 어떤 것은 의도된 형태를 유지하고 어떤 것은 변형시킴으로써 같은 형태 내에 기하학적 요소와 변형된 요소가 함께 나타나는 경우이다. 일반적으로 이러한 예는 그 어떤 모델에 의거하는 의도된 형태가 다양한 필지에 지어지게 되는 건축에서 빈번하게 나타난다. 여기서 건축적 대상물은 변형을 거부하는 주된 것과 변형이 일어나는 부차적인 것으로 분해됨으로써 구성요소에 위계의 개념이 도입된다. 즉 주어진 상황에 따라 경중을 가려 기본적으로 중요한 것은 형태를 지키고 그렇지 않은 것은 변형을 시키는 것이다. 예컨대 청나라 말기 서구의 문물이 마구 들어와 사회가 혼란해졌을 때, 당대의 지식인들이 중체서용(中體西用)과 동도서기(東道西器)를 외치며 자신들의 근본적인 가치와 문화는 지키고 실용적인 서구의 문물은 받아들임으로써 부분적인 변화를 꾀하고자 했던 태도와도 같다고 하겠다.

c. 양식적 회복

이 경우는 주어진 모순에 응하되 각별한 기하학적 꼴을 사용하거나 그 어떤 구성적 질서를 도입하여 새로운 모델화를 시도하는 것이다. 따라서 여기서는 변형은 거의 존재하지 않는다. 그러므로 처음에 염두에 둔 모델은 변형되어 새로운 기하학 속에서 다시 정리된다. 이러한 태도는 질서교란요소를 감추거나 약화시키기보다는 좀 더 복잡한 새로운 기하학적 형태를 창출하기 위해 적극적으로 그러한 요소를 사용한다는 의미에서 앞의 것과 구별된다. 그러므로 그것은 구성의 결정적인 요소가 된다. 그리하여 모순은 더 이상 느껴지지 않으며 거의 초월된다. 즉 이 경우 새로 창조된 하나의 모델이 되는 것이다.[36)]

이 경우, 두 가지 방식이 있다. 그 하나는 원형(圓形)의 연결 장치의 도입에 의한 회복이다. 그 이유는 특정한 방향성이 없는 원형과 그 파생형(예, 팔각형, 타원형 등)을 도입함으로써 서로 다른 여러 방향의 건물을 수용할 수 있기 때문이다. 다른 하나는 반복에 의한 회복이다. 우연찮은 변형을 그 어떤 질서에 따라 반복함으로써 변형처럼 인지되지 않게 하는 것으로, 가장 일반적으로 사용되는 질서는 대칭이다.

세 가지 변형의 거부 태도 중에서 마지막 세 번째 방식인 양식적 회복이 가장 흥미로운데, 그 이유는 건축 형태에 대한 결과가 가장 풍부하고, 각 경우마다 각별한 해결 방안을 창출하면서 진정한 새로움을 가져다주는 열린 태도이기 때문이다. 건축적 모델이 점점 더 주어진 컨텍스트에 맞지 않게 되어 가는 반면에 구성적 능숙함은 고도로 이르고 있는 시점에서, 양식적 회복은 건축적 모델이 그 어떤 점진적 진화를 하고 있음을 생각해 볼 수 있다.

2) 변형의 인정

인정의 태도는 그것이 수동적인가, 아니면 그 결과가 회복되는가에 따라 두 가지 태도로 나누어진다.

a. 수동적 인정

이는 변형을 자연스럽게 받아들이는 태도로, 자연발생적인 토속건축, 전통주거나 농촌주거, 그리고 그 중요성이 떨어지는 건축의 경우가 그러하다. 여기서의 변형은 건축적 모델의 유연성에 의해 인정된

36) 예컨대 배우가 일반적으로는 불리한 것으로 여겨지는 신체적 결함을 잘 이용하여 자신만의 독특한 캐릭터를 창출하는 경우가 그러하다.

다. 모든 경우에 있어, 변형은 적응 가능한 유일한 조정제로서의 역할을 담당한다. 그것은 통합의 필요성 및 의지와 모델에 대한 집착간의 균형으로부터 생긴다. 이 경우 모델은 기하학적이라기보다는 기능적인 면에 집착한다.

b. 의미적 회복

여기서 변형의 결과는 각별한 기능을 의미하기 위해 회복된다. 즉, 여기서는 모순적인 요소에 대한 직접적인 작용이 아니라 그 효과에 대한 각별한 재해석을 보게 된다. 도시에 있는 사원과 교회 같은 종교건축이 이러한 경우이다. 이러한 종교건축의 일정한 방향은 그것이 처해 있는 도시의 질서와는 다른 우월한 질서에 속하고 있음을 나타낸다. 예컨대, 이슬람 사원은 모두 직교형의 중정을 갖고 있으며 한결같이 메카를 향하여 그 축이 맞추어져 있다는 것으로부터 이러한 사실을 쉽게 알 수 있다. 우리의 전통건축에 내재해 있는 유교적 질서 및 풍수의 원리 등도 이러한 경우에 해당한다고 할 수 있다.

3) 의지적 변형

여기서의 모순은 그것이 초래하는 잠재적인 변형을 위해 의식적으로 추구되고 보존된다. 잠재적 변형은 형태에 주는 우연한 효과를 위해 사용된다. 그것은 문제의 해결로써 제안된다는 의미에서 형태적 회복현상이라고 볼 수 있다. 이러한 태도는 두 가지로 나누어질 수 있다.

a. 양식적 의지

이 경우 변형은 분명하며 수반되는 형태를 부수지 않고 오히려 강조하거나 유리하게 이용하기 때문에 변형은 우연한 것으로 느껴지지 않는다. 즉, 프로그램 수준에서 사전의 그 어떤 변형의 원인은 없으나 형태에 줄 수 있는 조형적 효과에 의해 변형이 추구된다. 즉 가능하면

멋있고 폼 나게 하기 위한 의지의 표현이라고 할 수 있다. 따라서 앞에서 분석한 태도와는 거꾸로, 여기서 주된 조형적 효과를 야기하는 것은 종종 부수적인 기능들이다. 또한 의도된 형태를 나타내는 것이 변형의 목적이므로 변형의 강조는 연속성 아니면 대조로 이루어진다.

b. 의미적인 의지

변형은 최종 대상물에 분명히 나타나고 구별되며 사전에 갈등적인 것처럼 보인다. 여기서의 변형은 프로그램 수준에서 다소 분명한 변형의 원인을 지니고 있다. 그리하여 디자이너의 각별한 의도나 대상물의 각별한 기능을 나타내기 위해 형태적 대조가 추구된다. 즉, 여기서의 목적은 형태에 의한 직접적인 의미이다. 이러한 태도의 특징은 모순이 사실상 존재할지라도, 어쨌든 변형 없이(즉 무변형) 그것이 해결될 수 있다는 사실이다. 무변형은 모순을 통합하면서 모순을 눈에 띄게 하므로 추구된다. 이 경우 우연치 않게 생길 수 있는 변형은 형태에 분명히 존재해야 하므로, 그것은 언제나 형태와 대조를 이루게 된다. 예컨대 Aalto의 경우, 포함되는 기능들을 차별화하기 위해 동일한 대상물 내에 직교적 형태와 변형된 형태, 심지어는 유기적 형태를 병치하였다.

온갖 종류의 구속조건을 통하여 규칙적인 형태를 추구했던 고대건축은 건물의 부차적인 부분 속에서 변형을 피하거나 감추었다. 반면에 몇몇 오늘날의 건축은 이와는 반대로 변형을 초래하는 형태적 우연한 사건을 인위적으로 추구함으로써 프로그램의 결핍이나 빈곤을 보상하려고 한다. 즉 여기서의 변형은 단조로움을 벗어나기 위해 그리고 형태에 있어서의 구성적 묘미와 재미를 주기 위한 의도라고 볼 수 있다.

4. 변형 개념의 적용 방안

건축에서의 변형은 일견 복잡하고 분류하기 어려운 것처럼 보이나, 실제로는 매우 쉬운 일에 속한다. 변형은 그것이 겪은 실제적인 구성적 어려움을 반영하기 때문에, 사실은 그것의 기원(예를 들면, 변형되었으나 알아볼 수 있는 최초의 모델의 존재)을 읽어낼 수 있게 하며, 그것이 이루어지게 된 방식(즉, 구성적 의도)을 이해할 수 있게 한다.

또한 변형의 개념은 이제까지 주목하지 않았던 건축적 대상물을 재인식할 수 있는 계기를 준다. 그 이유는 이전의 연구는 총체성 속에서 건축적 대상물을 다룬 것이 아니라, 그 중 어떤 측면을 우선시하는 특정한 관점에서의 연구가 주류를 이루었기 때문이다. 즉, 그러한 관점들은 특히 그 존재 이유가 강조되는 대상물과 그것의 결정인자간의 관계에 대한 연구(즉, 결정주의적 접근)이거나 아니면 대상물들 간의 계열이나 유형의 구성조직에 대한 연구(즉, 유형학적 접근)이기 때문에, 모든 상궤를 벗어난 이례적인 것이거나 그 어떤 어려움 없이는 쉽게 분류될 수 없는 것들은 외면하였던 것이다.[37]

변형이 그 어떤 지속력을 지니게 되면 그것은 또한 새로운 모델이나 유형이 되기도 한다.[38] 소위 양식적 회복이라고 일컬어지는 모든 것은 잠재적으로 이러한 현상과 결부된다. 따라서 구상의 과정에서 나타나는 그 어떤 왜곡의 구체화로써의 변형은 건축형태의 그 어떤 변화과정을 이해할 수 있게 한다. 따라서 변형은 그것이 구성방법으로까지 되지는 않더라도 건축 구성의 어떤 단계에 적용될 수 있다.

---

37) 따라서 그 어떤 분류체계 속에 속하지 못하는 다소 이상하고 복합적인 형태라도 그것이 처한 상황 속에서 주어진 역할을 훌륭하게 수행하고 또 지속력을 지니고 있다면 연구의 대상이 되어야 할 것이다.

38) 예컨대 인정받지 못하고 이상하게 여겨지는 변칙스타일을 구사하는 권투선수가 인정된 정석적인 스타일(즉 인정된 모델)을 구사하는 선수를 시합에서 매번 이기게 되는 결과를 초래하면, 이때의 변칙스타일은 외면할 수 없는 연구대상이 되고 또한 추구해야할 또 하나의 스타일(즉 새로운 모델)로 자리매김을 하게 된다.

건축가가 자신만의 독특한 개성적인 개념적 도구(예, 건축적 모델, 참조 공간, 구성적 방식 등)를 가지고 제기되는 문제를 부분적으로 해결하고자 할 때, 그러한 도구와 주어진 프로그램의 객관적 사항들 간에 그 어떤 불일치가 생길 수 있다. 그 경우 변형의 개념은 그러한 문제를 해결하게 해준다. 이 경우 변형의 개념은 형태의 구상과 계획 단계에서 다음의 두 가지의 사항을 고려할 것이 요구된다.

1) 개방된 프로그래밍

형태를 구성하는 다양한 요소들 간에는 모순이 있을 수 있기 때문에, 내적 모순을 지닌 형태가 존재할 수 있다는 것은 전적으로 가능하다. 이러한 가정 하에서 본다면, 기존의 그 어떤 방식들의 보편성은 의심스럽다. 왜냐하면 그러한 방식은 양립 또는 불양립이라고 하는 이분법적 분류에 의하여 사전에 정의된 형태를 합리적으로 조립함으로써, 기능적 및 형태적 전체에서 온갖 모순의 위험을 사전에 제거하기 때문이다. 그러므로 전체적인 형태는 모든 모순이 제거된 때에만 비로소 나타나게 된다.[39)]

비록 이러한 방식은 매력적이고 객관적인 것처럼 보일 수 있으나, 실제로는 형태는 모순을 취할 수 없다는 편견을 숨기고 있는 것이다. 변형은 이러한 생각을 직접적으로 반박한다. 즉, 형태 수준에서 그 어떤 문제도 변형을 통하여 수용될 수 있다는 가능성은 경험적으로 프로그램 구상에 더 많은 자유를 줄 수 있다. 따라서 프로그램의 작성에 모순적이라고 판단되는 요소들이 유지될 수 있으며 게다가 추구될 수도 있다.

그러나 여기에는 피해야 할 두 가지 극단적인 태도가 있다. 첫 번째는 동일한 형태에 개입의 가능성이 있는 모든 요소들을 그 성질이 무

---

39) 모순을 사전에 제거하는 체계적인 접근방법의 문제점은 C. Alexander의 유명한 말 '도시는 나무가 아니라 거의 망과 같은 것이다(City is not a tree, but semi-lattice)'라고 한 것과 일맥상통한다.

엇이든 간에 무차별적으로 체계적으로 고려하는 것이다. 그러나 이것은 역설적으로 아무것도 취할 수 없는 무능함이 될 수도 있다. 그러므로 형태는 단순한 수동적인 요소로 환원되어 그 결과는 완전히 엉망이 되고 만다. 이러한 태도는 일종의 얼빠진 상태라고 할 수 있다. 두 번째는 그 가정은 같으나 그 결과는 반대이다. 여기서 다시금 어려움을 부풀리기 위해 개입가능한 모든 구속 조건을 고려하고 심지어는 만들어 내기까지 하지만, 그러나 그것을 해결하기 위한 적당한 기법을 갖고 있다. 이 경우의 위험은 임의적인 구실을 만들고 구성적 작업을 한다는 것이다. 이러한 태도는 뛰어난 기교로부터 생겨난다. 그러나 그러한 구성적 능란한 솜씨는 여기서는 그저 구성적 재간으로 귀착된다. 이러한 두 가지 태도의 문제는 그것이 모두 환원적이라는 데에 있다. 즉 첫 번째는 형태를 단지 그 컨텍스트의 수동적 집합소가 되게끔 강요하였고, 두 번째는 형태를 단지 미적놀음으로 국한하였던 것이다.

2) 주어진 자료의 위계화

이러한 사실로 볼 때, 프로그래밍을 할 때 고려하여야 할 두 번째 요구사항은 주어진 자료를 정리하고 분류함으로써 위계화 하는 것이다. 이러한 개념은 특정한 자료를 우선시한다는 점에서 앞에서 언급한 개방된 프로그래밍과는 모순되는 것처럼 보이지만, 그럼에도 불구하고 이는 구상의 과정에 근본적인 것이다. 형태의 구성에 개입되는 기준들을 위계화 할 필요성은 그렇지만, 가능한 형태적 관계의 다양성과 복잡성으로 인하여 이러한 위계가 언제나 변함없는 것은 아니라는 것과, 경우에 따라서는 완전히 다른 방식으로 생길 수 있다는 것을 보여준다.

주어진 프로그래밍으로부터 나온 동일한 기준들도 그것의 개입을 결정하는 질서에 따라 전혀 다른 형태적 결과를 초래한다. 예컨대, 주거의 프로그램에서 근본적인 요구조건으로 알려진 일조라고 하는 구속 조건은, 도시적 스케일의 초기 계획단계에서는 분명한 향에 맞춘 고정된 형태가 어쩔 수 없이 되게끔 하지만 반면에 다른 수준에서는 형태에서의 부분적 모순에 의해 매우 상황적으로 된다.

그러므로 비록 그러한 프로그램이 결정적인 구속조건에 의해 지배된다고 할지라도, 변형은 프로그램의 그 어떤 중요한 조건도 피할 수 있게 한다. 변형이 건축과 도시 형태의 차별화에 기여하는 역할은 바로 위계의 다양화와 구성적 수준에서 형태의 상대적 독립성을 부여하는 이러한 가능성에 기인하는 것이다.

XI. 포스트모던 사회현상의 고찰

모든 시대에는 그 시대를 나타내는 사상이 있게 마련이다. 그런데 이러한 사상은 어떤 때는 지배적이고 보편적이며 절대적으로 그대로 따라야만 하는 엄격한 당위성의 형태, 즉 도덕(moral)의 형태로 나타나기도 하고, 어떤 때는 교류와 집단적인 감정을 우선함으로써 더욱 상대적이며 소속 집단에 전적으로 의존하게 되는 형태, 즉 윤리(ethic)의 형태로 나타나기도 한다. 이러한 밑으로부터 이루어지는 윤리는 다양화, 다원화의 여건일 뿐만 아니라 문화를 배태하는 소규모 지역주의의 여건을 형성하는데, 이것이 바로 포스트모던의 사회적 여건이라고도 할 수 있다.

이러한 상황에서는 거창한 역사(History)보다는 보통사람들의 그날그날의 삶의 이야기(history)가 우선되며, 예술은 더 이상 위대한 예술가의 작품(Art)이 아닌 주어진 우리의 일상적 삶을 꾸려나가는 지혜(즉, 처세술)로써의 예술(art)이 되고, 그리고 美 역시 고전적 의미로서의 미학(Aesthetics)이 아닌 함께 기뻐하고 슬퍼하게 되는 집단적 감정의 표출로서의 미(aesthetics)가 된다. 그런데 일상적 삶을 꾸려나가는 지혜로서의 예술과 집단적 감정의 표출로서의 미는 그 속성상 목적 지향적이지 않고 반복적이며 그리고 생산적이지 않고 오히려 그 자체로 소모적이다. 그러나 거기에는 주어진 하루하루의 삶을 꾸려나갈 수 있게 하는 은밀한 힘 내지는 억제할 수 없는 삶의 의지(意志)가 내재해 있다.

따라서 이러한 상황에서는 미래지향적 프로젝트로서의 유토피아를 중시했던 모던과는 달리 가깝고 일상적인 것이, 그리고 논리적이고 이성적인 것보다는 감각적이고 감성적인 것이 지배적인 가치가 된다. 이러한 가치관의 변화는 곧 모던의 경직성에 의해 억압된 다양한 욕구의 분출 그리고 모던의 획일화에 의해 부정되고 외면당했던 각 다양한 지역적 전통과 문화 및 그 고유의 역사와 뿌리를 회복하고자 하는 현상으로 볼 수 있다.

프랑스 사회학자 Michel Maffesoli가 그의 책 〈부족의 시대〉에서 정리한 모던과 포스트모던 사회 간의 비교는 위에서 언급한 포스트모던의 사회현상을 이해함에 도움을 준다. 그에 의하면 모던이 정해진 제도나 체계에 의해 무차별적으로 적용되는 기계적인 구조임에 비하여 포스트모던은 사전에 그 어떤 예측이 불가능한 매우 복잡하고 유기적인 구조이며, 모던이 지향하는 바가 분명한 정치/경제적인 조직체임에 비하여 포스트모던은 상황에 따라 매우 가변적인 그 성격이 모호한 대중 집단의 성격을 띠며, 모던에서는 정해진 기능(function)을 수행하는 무성격한 추상적인 개인으로 존재함에 비하여 포스트모던에서는 처해 있는 상황에 따라 그때그때의 다양한 역할(role)을 수행하는 구체적인 개성적인 존재(persona)가 되며, 모던에서는 합리적이고 이성적인 개인 간의 계약에 의한 결합체로서 따라서 그러한 계약을 수행하기 위한 미래지향적(또는 목적 지향적)인 프로젝트로서의 선형적인 속성을 띠는 반면에 포스트모던에서는 그 어떤 분위기나 감정적인 것에 의한 감정적인 공동체로서의 반복적/소모적인 속성을 갖는다는 것이다. 이제 이러한 관점을 바탕으로 포스트모던 사회 현상 근저에 흐르고 있는 몇몇 주요한 특질들을 살펴보고자 한다.

1. 구성적 관계

우리는 언제나 그 어떤 관계 속에서 살아가게 된다. 그런데 그러한 관계가 기능적(즉 기계적) 관계인지 아니면 구성적(즉 유기적) 관계인지에 따라 우리의 존재양상은 달라진다. 근대사회에서처럼 지향하는 바가 뚜렷하고 효율성 및 생산성을 강조하는 정치/경제제적 조직체 내에서의 개인은 마치 기계의 부품처럼 정해진 기능만을 수행하는 존재가 된다. 이 경우 개인은 개성이 무시된 추상적인 존재가 된다. 왜냐하면 이러한 조직체에서의 기능은 그것을 담당하는 개인의 취향이나 개성과는 직접적인 관계가 없기 때문이다. 즉 이러한 조직체에서의 기능의 담당자는 바로 다양한 역할을 하는 개성체로서의 존재가 아니라 정해진 기능 그 자체로서의 존재가 되는 것이다. 따라서 주어진 기능을 더 효과적으로 수행할 수 있다면 기능 그 자체는 다른 기능으로 대체되거나 합성될 수 있고, 경우에 따라서는 제거가 가능한 것처럼, 그 기능을 담당하는 개인 역시 더 능력 있는 개인으로 대체되거나 아니면 제거될 수도 있는 것이다.

그러나 구성적 관계에서의 개인의 존재양상은 다르다. 왜냐하면 이 경우의 조직체는 그 어떤 목적을 지향하는 기능체가 아니라 그렇게 주어진 구성체이기 때문이다. 따라서 거기에서는 정해진 기능을 수행하는 추상적 존재로서의 개인이 아니라, 그때그때 상황에 따른 다양한 역할을 하는 구체적인 개성적 존재가 된다. 예컨대 가정, 이웃, 동네(또는 마을), 도시, 지역에서의 더불어 살아가는 사람들 간의 관계가 그러한 경우이다. 이러한 관계의 대부분은 우리의 의지하고는 관계없이 그렇게 정해지며, 특별한 경우가 아니고는 피할 수도 바꿀 수도 없는 관계이다. 그러므로 이러한 관계는 그 본질상 우열과 선악이 정해지는 것이 아니며, 또 정해질 수도 없는 것이다. 그것은 각기 고유한 개성을 지닌 개인들이 함께 살아가야만 하는 운명공동체와 같은 것이다. 따라서 거기에는 자연스럽게 일정한 장소나 공간을 공유하는 〈우리〉라고 하는 소속감과 연대의식이 생겨난다.

이러한 주어진 구성체에서는 정해진 목적이나 방향 없이 구성원들 간의 관계에 의해 매일매일 그들 나름의 무수한 일상의 이야기를 만들어낼 뿐이다. 사전에 정해진 바 없는 이러한 일상의 이야기 속에서 개인은 때로는 주인공이 되기도 하고 때로는 보조자가 되기도 하고, 때로는 좋은 역할을 하기도 하고 때로는 나쁜 역할을 하기도 하면서 다양한 모습으로 존재한다. 우리는 여기서 개인주의적(또는 기능주의적) 논리는 분리된 아이덴티티에 의거하며 그 자체에 둘러싸이지만(즉 닫힌 체계), 주어진 구성체 내에서 다양한 모습으로 존재하는 개체(즉 persona)는 다른 사람들과의 관계에 의해서만 가치를 지니게 된다(즉 열린 체계)는 것을 알 수 있다. 따라서 우리는 여기서 개인주의 및 기능주의를 벗어나는 다양한 구성요소(즉 개성체로서의 구성원)로 이루어지는 구성의 효과를 볼 수 있다.

그런데 여기서 구성의 효과는 단지 예술작품에서 일반적으로 의미하는 것뿐만 아니라, 시간 속에서의 구성원들 간에 야기되는 끊임없는 갈등과 모순의 화해와 조정을 의미한다. 즉 어떤 때는 몇몇 구성원들 간의 관계가 갈등적이고 서먹서먹한 관계가 되기도 하고, 어떤 때는 호의적이고 친밀한 관계가 되기도 하면서 끊임없이 유동적인 관계 속에서 그럭저럭 균형을 이루는 일종의 '갈등적 조화'로써 일상의 이야기를 의미한다고 할 수 있다. 또한 '현실이 종종 허구(虛構)를 능가한다'는 말이 있듯이 이러한 일상의 이야기가 매우 복잡하고 다양하고 미묘한 것이 될 수도 있으며, 전혀 상상할 수도 없는 놀랍고도 기막힌 이야기가 될 수도 있다. 이러한 예는 잡지나 신문/방송의 뉴스에서 볼 수 있는 갖가지 기가 막히게 아름답거나 슬픈, 또는 놀랍고도 매우 끔찍한 이야기가 끊임없이 보도되고 있음에서 알 수 있다. 여하튼 일상의 이야기는 전혀 단순하지 않다는 것이다. 특히 주어진 구성체나 구성원들이 내적 외적으로 어떤 문제에 봉착했을 경우, 평소엔 매우 부정적으로 여겨졌던 일부 구성원들이 그 문제를 해결하는데 결정적인 역할을 하게 되는 경우가 있다. 이는 구성원들 간의 관계란 전혀 예측이 불가능할 뿐만 아니라, 또한 일방적이 아닌 쌍방적임을 의미한다. 따라서 어떤 때는 도움을 주기도 하고 또 어떤 때는 도움을 받기도 한다. 이 점에 있어 앞에서 언급한 갈등적 조화의 의미를 이해하여야 할 것이다. 왜냐하면 아무도 앞으로 무슨 일이 일어날지 알 수 없기에 그 누구도 입바른 소리를 할 수는 없기 때문이다. 그렇기 때문에 갈등적 요소나 방해가 되는 것을 애써 극복하고자 함이 없이, 그저 되는 대로 살아가고자 한다. 또한 가상의 완벽한 삶, 천상이나 지상의 천국에 내기를 걸지 않고, 주어진 것에 적응하면서 살아가게 된다. 따라서 구성적 관계란 전혀 안온하고 정적인 관계가 아니며 상황에 따른 매우 가변적인 동적 관계임을 알 수 있다.

이러한 역동적인 과정 속에서 주어진 구성체는 그 나름대로의 고유한 관계방식(즉 윤리) 및 생활방식(관습)을 갖게 된다. 즉 다른 가정, 다른 동네나 마을, 다른 도시, 다른 지역이 아닌 바로 우리의 가정, 우리 동네와 마을, 우리 도시, 우리 지역이라고 하는 비교적 제한된 장소와 공간을 공유함으로써 거기엔 자연스럽게 그 곳에 대한 집단적 감정 및 집단적 기억을 갖게 된다. 따라서 근대의 기능적 관계와는 달리 여기서는 가깝고 일상적이고 감성적인 것이 우선적인 가치가 된다. 이는 곧 그들 나름의 문화를 이루는 관계를 의미한다. 왜냐하면 문화란 함께 살아가는 사람들 간의 관계, 그리고 그러한 삶의 터전인 장소와의 관계에서 비롯되기 때문이다. 그런데 그러한 관계는 매우 엄연한 관계로써 각기 그 고유성을 갖게 되는데, 이러한 고유성이 바로 문화적 아이덴티티의 전제라고 할 수 있다.

따라서 포스트모던사회에서의 구성적 관계의 대두는 근대사회의 기능적 관계에 의해 상실된 다양한 역할을 하는 개성체로서의 인간성의 회복, 객관성과 보편성이라고 하는 근대논리에 의해 상실된 다양한 지역성의 회복, 그리고 그로 인한 공동체적 연대성을 회복하고자 하는 움직임으로 볼 수 있다.

2. 감정공동체

포스트모던사회에서의 또 하나의 특징은 그 어떤 분위기나 감정적인 것, 또는 특정한 지역이나 공간을 매개채로 하여 모이게 되는 다양한 집단이 빈번하게 출현하고 있다는 것이다. 오늘날 여러 프로 스포츠 경기에서 열광하는 관중에서, 유명 연예인이나 스포츠 스타를 중심으로 모이는 크고 작은 다양한 열성 팬클럽에서, 이러 저러한 여가 및 취미생활과 관련된 다양한 동호인 집단에서, 그리고 다양한 통신매체를 통한 은밀한 결사체 등에서 바로 그러한 집단을 볼 수 있다. 즉 정의되지 않은 대중 또는 아이덴티티가 없는 민중들의 집단의 등장이 그것이다.

그런데 이러한 다양한 집단들은 고래부터의 모든 초보적인 모임 형태가 그러했듯이, 그 근저에는 신화와 영토를 중심으로 그러한 모임이 이루어지고 있음을 볼 수 있다. 여기서 신화는 옛날에는 시조(始祖), 선지자(先知者)나 예언자, 영웅 등과 같은 그야말로 신화적인 존재였고, 영토는 조상 대대로 살아온 그렇게 주어진 터이거나, 아니면 신화적 존재와 관련된 그 어떤 곳이나 집단적 기억이 존재하고 새겨져있는 곳으로써 실제적이고 상징적인 터(또는 공간)였다. 그러나 오늘날의 상황에서의 신화와 영토는 앞에서 언급한 것들 이외에 비유적으로 말한다면, 예컨대 유명한 스포츠 스타나 연예인 그리고 그와 관련된 것이나 기억이 존재하거나 새겨져 있는 장소나 공간 등이 그 역할을 대신하고 있다고도 말할 수 있다. 따라서 거기에는 집단 구성원들이 공유하는 신화와 영토에 기인하는 집단적 감정이 있게 되며 그리고 그로 인한 소속감과 그 어떤 연대의식을 통하여 분명 거기에는 근대 기능주의를 넘어서는 논리적이고 이성적인 관계가 아닌 그 어떤 정서적 관계가 있음을 알 수 있다.

따라서 이러한 집단은 공통의 감정을 공유하는 감정공동체가 되는 것이다. 그리하여 감정공동체 내에서의 개인은 때로는 함께 기뻐하기도 하고 때로는 함께 슬퍼하기도 한다. 우리는 여기서 상황에 따라 변하는 공동체적 분위기를 공통으로 느끼고 체험한다는 의미에서 집단감정이 미적 패러다임이 됨을 알 수 있다. 왜냐하면 美는 우리의 이성이 아닌 우리의 감정에 일차적으로 호소하기 때문이다.

여기서 우리는 고전적 이분법(예, 주체와 객체)을 넘어서게 된다. 따라서 분리가 아닌 연결과 관계하는 것에 자연히 강조를 두게 된다. 다시 말하면 모던에서처럼 합리적이고 이성적인 개체 간의 계약이 아니라 우리가 참여하는 神話(예, 영웅, 스타 등)에 강조를 두는 것으로, 그러한 신화는 〈우리〉라고 하는 것을 형성하게 하고 또 그것을 담는 그릇의 역할을 한다. 그리고 이러한 〈우리〉라고 하는 집단감정은 그 집단 나름의 의식(儀式)이나 주기적 행사를 통하여 형성되고 강화되기도 한다.

감정공동체의 구심체로써 이러한 신화는 정해진 목적이나 방향이 없는 단지 구성원들 간을 묶어주는 역할을 한다. 그리하여 여기서는 개체 간의 무차별과 함께 집단 속에서 개체적 주체를 상실하게 된다. 그리하여 일종의 해방감과 희열을 느끼게 된다. 이러한 현상은 오늘날의 다양한 집단(예, 오렌지족, 히피족, 펑크족, 폭주족 등)에서 볼 수 있다. Maffesoli는 이러한 현상을 포스트모던사회에서의 신부족주의(neotribalism)의 출현이라고 말하고 있다.

따라서 이러한 집단이나 형태 속에서는 주체와 객체의 구별이 모호해진다. 이 경우 자아는 확장되고 이입된다. 여하튼 우리는 신부족주의의 출현을 통하여 분리나 구분에 의거한 근대개념으로는 설명될 수 없는 다양한 형태의 사회적 모임이 등장하고 있음을 목도한다. 따라서 이러한 모임체는 이분법이나 이원론적 논리가 아닌 그것을 넘어서는 성질을 지닌 그 어떤 것이 된다. 이는 합리화된 근대사회에서 감정이입(感情移入)이 지배적인 포스트모던 사회성으로의 변화를 의미하며, 따라서 일련의 분위기나 감정 등으로 표현된다.

그런데 여기서 주목할 점은 감정공동체의 특징은 일시적이고, 가변적 구성이며, 지역적 근거를 가지며, 조직의 부재와 일상적 구조를 갖는다는 점이다. 따라서 이러한 감정공동체는 다양함이나 다의적 해석을 금하는 독단적 집단이나 경직된 제도 곁에 언제나 존재하게 마련이다. 여하튼 감정공동체에서는 공통의 감정공유를 통하여 강한 사회적 결합력을 갖게 된다. 그런데 유의할 점은 여기서의 감정은 목적지향적 공감이 아니라는 것이다. 그것은 소모, 우연, 비개인주의화라고 하는 집단적 태도인 것이다. 그것은 무차별과 그 어떤 에너지에 기인하는 〈우리〉의 미학으로써 가까움의 비개성적인 힘의 특징이다. 우리는 이러한 특성을 〈함께 흥분해〉나 〈우리처럼 느껴〉라는 말에서 살펴볼 수 있다.

이것이 바로 벗어날 수 없는 일상의 기층으로서 그로부터 모든 표상(예, 감정의 교류, 잡담 및 근거 없는 한담, 민간신앙, 세계관 등)이 결정(結晶)되는 주형이나 모체로 쓰인다. 그리하여 운명공동체에서 볼 수 있는 일종의 그 어떤 연대의식을 구성한다. 이 경우 사람들의 의견 형성에 이성의 역할은 거의 없게 된다. 초기기독교의 경우가 바로 이러한데, 바로 함께 체험하는 감정의 전염에 의해서 의견이 형성되는 것이다. 특정한 지역감정 역시 그러한 경우이다. 이러한 공유 및 집단감정은 아주 사사로운 일상적인 것(예, 식사, 酒宴, 사교모임 등)으로부터 시작된다. 그러나 이는 인류 역사를 통하여 연대성 및 지속성의 한 형태를 보장한다. 여하튼 감정공동체에 의한 이러한 미적 분위기는 분리가 아닌 묶어주는 역할을 한다. 이러한 인식은 오늘날 사회의 특징적인 유기성 요체를 이해하는데 도움을 준다.

감정공동체를 이해하기 위해서는 앞에서 이미 언급했던 도덕과 윤리의 차이를 이해해야 할 필요가 있다. 도덕은 지배적이고 추상적인데 반하여, 윤리는 정해진 일단의 집단으로부터 생기며 기본적으로 감정 이입적이고 가까움에 의거한다. 역사는 도덕을 조장함에 비하여 공간은 미적인 것을 장려하고 윤리를 은밀히 낳는다. 감정공동체는 불안정하고 열려 있기 때문에 확립된 도덕에 비해 많은 점에 있어 무질서적이다. 그러나 감정공동체에는 그들만의 엄격한 관례추종주의를 야기한다. 즉 거기에는 근대에서처럼 언제 어디에서나 그 누구에게나 한결같이 통용되는 객관적이고 보편적인 규칙이 아닌, 처해 있는 장소나 환경에 대한 그들만의 그리고 그곳만의 벗어날 수 없는 고유한 법칙이 있는 것이다.

감정공동체는 미래지향적 프로젝트라기보다는 〈함께 존재함〉에 대한 충동 내지는 욕구의 실행이다. 우리는 여기서 끈적끈적함이라고 하는 공동체적 윤리의 가장 단순한 근거를 볼 수 있다. 즉 끈적끈적함이라고 하는 공동체적 사상과 그에 따른 윤리는 불가피하게, 가까움(또는 뒤섞임, 혼잡함)이 있기에, 그리고 공유하는 영토(실제적이든 상징적이든 간에)가 있기 때문이다. 우리는 여기서 일종의 초보적 모임 형태의 원형을 엿볼 수 있다.

사회는 해야 할 역사를 향하지만 공동체는 공동체 고유의 생성 또는 재생성에 그 에너지를 고갈시킨다. 바로 이것이 공동체적 윤리와 연대성간의 관계를 세우게 한다. 이러한 연결 관계의 두드러진 면이 의식(儀式)이다. 의식은 목적 지향적이 아니라 반복적, 소모적이고, 따라서 그 자체로 회귀함으로써 안정적이다. 의식의 유일한 기능은 한 집단의 내재적 감정을 강화시키는 것이다. 의식은 반복을 통하여 소모적이지만, 그로 인하여 한 집단의 영속을 확고히 한다. 예컨대 장례식을 통하여 우리는 죽음과 삶을 화해(융합 또는 결합)하고 그리하여 죽음을 극복한다.

역사, 정치, 도덕은 제기되는 문제에 따라 전개되는 드라마 속에서 이루어진다. 그러나 운명, 미, 윤리는 영원한 순간에 의거한 비극 속에서 소모된다. 그리하여 그 나름대로의 고유한 연대성을 낳는다. 이는 생산과 그 분배(경제적이건 상징적이건 간에)의 대안으로서의 존재의 한 양식이다. 순전히 이론적 평등만으로는 다수의 군중을 이끌 수는 없다. 오히려 인상적인 것이 중요하다. 그러므로 정의 그 자체는 가까운 경험에 종속되며, 주어진 터에서 체험된 감정에 의해 상대적으로 된다. 예컨대 공동체 구성원이나 동네사람을 숨겨주고 비호하고 봐주는 우리 주변에서의 일련의 일들은 기실 공유하는 감정이나 가까움으로부터 야기된 연대성의 표현이지 결코 도덕적 의지나 이성적 논리의 문제는 아닌 것이다. 즉 이러한 현상은 계약적이고 기계적인 관점에서의 발로가 아니라, 감성적이고 유기적인 관점에서 감정적으로 모두에게 공통적인 것에 의한 현상인 것이다(즉 人之常情).

따라서 이는 이미 정해져 있는 '사전의 그 어떤 것(a priori)'이 아니라 상황적으로 매우 가변적인 '사후의 그 어떤 것(a posteriori)'이다. 즉 동네나 마을의 공동체적 이상은 집단적 상상력에 의거한 전염에 의해서 작용하는 것이지 결코 사회적 이성에 의거한 설득에 의한 것이 아니다. 즉 미적 형태로부터 나온 집단적 감수성은 윤리적 결합 관계로 귀결된다. 우리는 여기서 초보적 모임의 형태로서의 감정공동체의 놀라운 지속력을 볼 수 있다.

감정공동체에서 볼 수 있는 또 하나의 속성은 관습이다. 관습은 일종의 존재방식(habitus)으로써 사회생활의 가장 전형적인 형태의 하나이다. 이는 타인과 함께 하는 존재양식을 한정하는 일종의 유전적 코드에 관계된다. 미적인 것이 공통으로 느끼는 것이고, 윤리적인 것이 그로 인한 집단적인 관계(또는 儀式)라면, 관습은 이에 따른 전형적인 형태인 것이다. 관습은 함께 존재함을 가능하게 하는 성문화되지 않은 무언의 사회성의 표현이다. 즉 도구적 합리의 지배를 벗어나는 단지 삶에 대한 의지 그 자체인 것이다.

모든 생성 초기의 구성체는 유동적이고 탄력적이다. 그리고 그것은 모임의 구심체로써의 신화(영웅, 시조, 공통의 감성 등)와 장소 및 공간을 배경(또는 매개체)으로 하여 그 나름의 연대성을 일으킨다. 거기에는 그 어떤 교류가 있는데, 그것의 요체는 가까움에서 찾아야 할 것이다. 우리는 여기서 한 지역의 주민들이 공유하는 공적 공간으로부터 생겨나는 고정관념과 집단적 상상력을 이해해야 할 것이다. 상투적인 고정관념과 집단적 상상력은 일상의 시시콜콜한 모든 표상을 통하여 그곳 고유의 특성(예, 색깔, 냄새, 소리, 이미지 등)을 띠게 됨을 의미하기 때문이다.

개별적인 병을 치료하는 서양의학과는 달리 체질에 따른 전체적인 氣의 조화와 균형에 의해 치료를 하는 한의학의 총체적 접근 태도에서처럼, 개별적이 아닌 전체 집단 내에서의 관계 정상화 속에서 우리는 위안이나 안정을 찾을 수 있고 또 우리의 고민을 해소할 수 있는 것이다. 이런 측면에서 볼 때, 식사나 주연(酒宴)을 같이함은 중요한 의미를 지니게 되는데, 그 이유는 이를 통하여 공통적인 것이라고 인정되는 일상적인 그 어떤 행위가 생겨나고 강화되어 개별적 소외감이나 유리감을 해소할 수 있기 때문이다. 주어진 환경에서의 집단 나름의 고유한 존재방식(habitus)이나 관습이 모든 사회성의 윤리적 차원을 구체화하고 실현하는 구실을 한다는 것은 바로 이런 의미인 것이다. 즉 자아의 틀을 벗어나 집단 속에 용해됨을 말하는 것이다.

바로 거기서 여론이나 집단적 믿음 같은 것들이 생성되는 바, 일종의 기억의 집단적인 틀, 즉 인식이 생겨나는 것이다. 우리는 여기서 모던의 '자율의 원리'와는 다른 '타율의 원리'가 작용하고 있음을 알 수 있다. 타율의 원리는 조정, 수용, 그리고 사회적 및 자연적 이타성에 대한 유기적 분절에 의거한다. 이제 우리는 합리와 이성의 강조로 해방과 각성을 가져왔으나 곧바로 세상에 대한 각박함과 메마름이라고 하는 환멸을 초래한 근대사회에서, 상상적이고 다의적이며 시적이고 어둑한 면에 의해 복잡하고 다양하지만 신비하고 미묘함을 회복하는 포스트모던 사회로의 이행기에 있는 것이다. 그리고 거기서 빈사상태에 놓여 있는 근대사회를 재생시키는 다소 투박하고 거칠지만 생명력이 강한 포스트모던사회의 야만성을 목도하게 된다.

3. 가까움과 일상

18세기부터 부각되어진 역사, 정치, 경제, 개인이라고 하는 거대한 실체들에 의해 혼미해진 우리는 W. Benjamin이 '극단적 구체성'이라고 이야기한 보통 사람들의 매일 매일의 삶에 우리의 시선을 집중시키기에 어느 정도 어려움을 느낀다. 하지만 이는 포스트모던사회에서 간과할 수 없는, 적어도 피할 수 없는 쟁점인 듯이 보인다.

경우에 따라서는 개인 그 자체보다는 개인이 뿌리를 내리고 있는 공동체가 더욱 중요시되는 시기가 있다. 마찬가지로 대규모의 사건사보다는 그날그날 체험되는 다양한 삶의 이야기, 즉 대수롭지는 않지만 그럼으로써 오히려 공동체의 뼈대를 형성하는 모든 상황들이 강조되는 시기가 있다. 바로 이 두 가지 점이 우리가 가까움이라는 용어로 이야기할 수 있는 것들의 특징으로 보인다. 이는 자연히 우리의 사회생활에서 〈관계〉라는 측면에 주목할 것을 요구한다. 즉 관계 속의 인간, 이는 단지 개인 간의 관계만을 지칭하는 것이 아니라, 나를 한 영토에, 한 도시에, 그리고 다른 이들과 공유하는 자연환경에 연결시켜주는 모든 것들을 포함해서 하는 이야기다.

바로 이것이 공간 속에 결정되는 시간으로서의 그날그날의 자그마한 역사들인 것이다. 이렇게 하여 한 장소의 역사가 개인적인 역사가 되는 것이다. 대수롭지 않은 모든 것이 — 관례, 냄새, 소리, 색깔, 촉감, 이미지, 기억, 건축물 등 — 침전작용에 의해서 각자에게 하루살이 식이며 때로는 엉뚱하기까지 한 개인적인 삶을 넘어서서 바라보게끔 해주는 〈우리〉, 또 각자에게 '우리 집의, 우리 마을의, 우리 도시' 라고 느끼게끔 해주는 〈우리〉라는 것이 형성되는 것이다. 이는 비록 그것이 미시적인 방식에 의한 것일지라도, 모두에게 공통적인 것 그리고 모두에 의해서 행하여진 것)들에 강조점이 주어지게 됨을 의미한다(즉 밑으로부터의 역사).

이러한 관점이 강조될 필요성은 역사 속에서 규칙적으로 나타난 바 있다. 그리고 우리는 오늘날이 거창한 관념들은 포화상태에 이르렀고 신비스러운 연금술에 의해서 앞으로의 우리의 운명을 좌지우지할 새로운 존재 양상들이 형성되고 있는 동요의 순간들은 아닌지 자문해 볼 수 있다. 아무것도 창조된 것이 없기 때문에 이는 단지 변화의 문제이다. : 하찮게 여겨졌던, 하지만 언제나 그리고 또다시 존재하는 요소들이 다시 부각되고 특별한 의미를 지니게 되고 나아가서는 결정적인 것이 된다.

모든 사회적 구조화의 기본요소들인 초보적인 모임의 여러 형태가 이런 경우이다. 그리스 도시국가(polis)들은 이에 대한 좋은 예이다. 그리스 도시국가들은 아마도 진행 중인 대규모의 역사를 결정지은 것은 아니었고, 오히려 그들의 강렬한 일상적 활동에 '모든 문명이 근거하고 있는 공동체적 세포'라고 할 수 있는 것을 공고히 하는데 기여하는 특유한 힘과 고유한 생명력을 보여주었다. 실제로 강대국들은 세계를 지배하거나 역사를 만들기 위해 맞설 수 있지만, 도시국가는 영속을 보장하고 영토를 보존하며 공통의 신화를 중심으로 삶을 이루어나가는 데에 만족한다.

이것이 바로 우리가 그 중요성을 알고 있는 문화다원주의의 여러 요소 중의 하나이다. 실제로 도시국가는 같은 류의 여러 실체들을 내포하고 있다. 영토(실제적이든 상징적이든 간에)와 공통의 신화를 중심으로 조직되는 여러 구역들, 인종 집단들, 길드들, 그리고 다양한 종족들이 바로 그러한 것들이다. 기본적으로 이러한 그리스 도시국가들은 우리가 이미 알고 있는 특유한 문명을 생성시킨 세계주의와 그들만의 고유한 뿌리라고 하는 양극에 근거하고 있다. 그런데 공통 감정에 의해 굳게 뭉쳐진 여러 집단들의 다양성과 상이함으로부터 야기되는 다양한 그룹 간의 상호 긴장 자체가 전체의 영속성과 단일성을 보장해 준다는 점을 주목해야 할 것이다. 이는 일종의 갈등적 조화라고 할 수 있다. 즉 도시 내에서의 다양한 그룹 간의 이러한 상호 긴장은 도시를 유지하는 내부의 생명력으로 볼 수 있는데, 이러한 생명력은 무엇보다도 가깝고 일상적인 것을 우선하는 소규모 지역주의에 기초하고 있다.

이 점에 있어 민중의 역할은 매우 중요하다. 왜냐하면 민중은 그 다양한 표명을 통하여 그들의 삶의 터전에 관한 모든 것을 숙명적으로 받아들이는 운명공동체로 인정하는 경향이 있기 때문이다. 지배계층은 기회주의 또는 정치적 타협을 통하여 변화하고 그들의 소속영토를 바꿀 수 있으며, 상인은 이해관계에 의해 이동하지만, 민중은 영속한다. 따라서 민족감정이나 지역감정을 보유하고 있는 것은 민중이지 지배계층은 아닌 것이다. 물론 어느 정도 뉘앙스를 주어야 하겠지만 지배계층의 빈번한 타협에 비해 민중계층에서는 일종의 비타협주의의 모습을 볼 수 있다는 것은 확실하다. 그러므로 민중계층은 그들의 삶의 터(즉 영토)에 우선적으로 책임감을 갖게 되는 것이다. 이런 의미에서 민중은 〈장소의 천재(genius loci)〉이다. 그들의 그날그날의 삶이 시간과 공간 사이의 연결을 보장해준다. 민중은 사회성에 대해 비의식적인 관리자인 셈이다.

여기서 발현되는 집단적 기억과 일상성의 기억은 그러한 시공간에 참여하는 여러 집단 간의 유대를 맺어주는 구실을 하는 윤리인 셈이다. 이렇게 하여 도시 내의 다양한 그룹들은 자신들을 넘어서 있으며 영속을 유지해 주는 그 어떤 특유의 분위기(aura)에 원하건 원하지 않던 간에 감싸이게 되는 것이다. 운명공동체는 고정된 하나의 형태가 아니라 자연적이고 사회적인 환경에의 적응이고, 그렇게 함으로써 다양한 형태로 이질적인 것에 유연하게 대처해야 하는 것이다.

따라서 기본적으로 합리적인 관계를 가진 자유로운 개인들에 의해 형성되는 도시라는 관점과는 반대로, 현대 대도시들은 절대적인 상호의존성에 근거한 다양한 작은 구역들을 발생시키는 듯이 보인다. 바야흐로 모던의 개인주의의 자율성이 아니라 포스트모던의 다양한 종족주의(tribalism)의 이질성이 나타나고 있는 것이다. 그것이 어떤 방식으로 지칭되든 간에(예 : 동네, 이웃, 다양한 이익집단, 네트워크 등) 우리는 구조적으로 모호하고 양가적(兩價的)인 정서적 집중 현상이 다시 나타남을 목도하게 된다. 그러나 그것은 지속적이고 항상적인 것이 아니라 순간적으로 그리고 덧없이 나타난다. 따라서 순간적인 이해관계에 따라 그리고 취향이나 열정의 집중에 따라 이런 저런 집단이나 활동으로 향하게 한다. 이것이 바로 공동체의 단일성 또는 점괄적 결합을 나타내는 것이다. 이는 자연히 가입과 이탈, 유인과 배척을 야기한다. 또한 분열과 모든 종류의 갈등을 내포한다.

바로 여기서 우리는 현대도시들의 특징인 대중-부족(mass-tribe)의 변증법에 직면하게 된다. 대중이 총괄하는 극이라고 한다면 다양한 부족은 특수한 결정(結晶)이다. 모든 사회생활은 끝없는 움직임 속에서 이 두 양극을 중심으로 형성된다. 그 움직임은 사람들에 따라서 빠르기, 강도, 충격의 정도가 클 수도 있고 작을 수도 있다. 어떤 의미에서는 이러한 끝없는 움직임에 의해서 유도된 순간의 윤리가 우리가 보통 이율배반적이라고 생각하는 정학(공간, 구조)과 동학(역사, 불연속)을 화해하게 한다. 아마도 과거 전통, 공간적 흔적을 우선시하는 반동적인 여러 문명의 총체들과 그보다는 오히려 미래, 진보, 앞으로의 질주에 강조점을 두는 총체들 곁에서, 우리는 모순되게 이 두 관점을 종합하고 '현재의 정복'을 기본가치로 하는 사회적 결합을 상상해 볼 수 있다. 따라서 대중-부족의 변증법적 관계는 이러한 경합을 나타내는 데에 기여할 수 있다. 사전에 규정되지 않은 끝없는 움직임과 중심도 주변도 없는 형태 등은 상황과 진행 중인 경험에 따라서 그리고 이미 확립된 몇 가지 원형을 따르면서 변화하는 모습으로 조정됨으로써 결국 견고하고 고유한 사회구성을 낳는데 확실하게 이바지 한다.

이제 지식인들이 더 이상 무관심할 수 없게 된 주제를 빌어 이야기하자면, 자연의 문화화에서 문화의 자연화로 가는 끝없는 과정이 있다는 것을 인식해야 할 것이다. 이러한 관점은 주체를 자연적인 동시에 사회적인 환경 안에서 이해하게 한다. 이런 점에서 우리 사회에서 현재 진행 중인 변화들을 주의 깊게 보아야 할 것이다. 우리가 세계화라고 경험한 서양의 순전히 합리적이고 진보적인 모델은 이제 포화상태에 이르는 중이고, 합리적인 시각으로는 모순적이라고 할 수 있는 여러 문화에 대한 해석을 목도하고 있다. 19세기 말부터 맹렬하게 이루어져 왔던 세계의 서양화 곁에 이제 우리는 세계의 동양화라고 할 수 있는 것들의 여러 징조를 관찰할 수 있다. 이러한 경향은 특수한 삶의 방식, 의식주 및 신체와 건강에 대한 새로운 태도 등에서 나타난다. 신체에 대해서는 특히 한의학과 다양한 그룹 치료의 증가에서 잘 나타난다. 더욱이 현재 진행 중인 연구들은 이러한 행위들이 주변적인 것이 아니라 오히려 여러 형태로 사회 전체에 퍼져나가는 것을 잘 드러내 보여준다. 자연히 이러한 것들은 전통적인 신체/정신의 이분법의 완화와 함께 혼합주의적 이데올로기의 도입이라고 하는 새로운 시대정신이 암암리에 이루어졌음과 그 궤를 같이 한다.

따라서 기계적이고 실증적 합리를 우선하는 미래지향적인 모던과는 달리 포스트모던에서는 유기적 연대성과 상호교류를 중시하고 무논리적인 것(non-logical)과 무합리적인 것(non-rational)을 받아들임과 동시에 현재 지향적이다. 여기서 무논리적이고 무합리적인 것이란 비논리적이거나 비합리적인 것과는 다르다. 여기서의 무논리적이고 무합리적인 것이란 비록 논리적으로 합리적으로 그리고 실증적으로 설명되고 입증되지는 않았다하더라도 경험적으로 그 긍정적인 효과가 인정되는 것을 말하는 것이다(예 : 침술 및 氣치료, 풍수, 여러 가지의 민간요법 등).

이러한 징조들의 기본적인 특징은 시공간의 관계에 대한 새로운 이해에 있다. 즉 여기서는 가깝고 감정적인 것들에 중요성이 주어진다. 따라서 즉각적인 지각과 가까운 준거들이 더욱 중요시되는 그런 실존, 공간, 전체적인 것, 본능적이고 감정적인 것들의 연결에 대해 논한다고 하는 것은 곧바로 지금까지 잊히어 왔고 부정되었으며 또한 비방되어 온 총체주의(holism)의 입장에 선다는 것을 뜻한다. 이는 여전히 직간접적으로 우리의 향수적 근거의 상당 부분을 이루는 유기적인 연대와 창조적인 함께 존재함의 전통과 관계된다. 이 점에 있어 독일 낭만주의에서 유래하는 감정 이입이라고 하는 주제는 이러한 관계를 이해함에 있어 매우 도움이 된다.

일상적인 것의 강조는 자기도취적인 편협함이나 개인주의적인 웅크림이 아니라, 우리에게 가까운 것의 중요성을 다시 한 번 강조함과 동시에 현재를 살아가는 그리고 흘러가는 시간이 주는 번민을 집단적으로 대처하는 하나의 방편임을 지적하고자 함이다. 바로 이 점에 있어 모던의 진보적 드라마와 대비되는 포스트모던의 비극적 분위기가 유래한다. 그리고 공간과 다양한 지역적 변화양상을 우선시한다는 것 또한 흥미로운 점이다. 묘비명의 형태로 이야기 해보자면, '공간이란 농축된 시간'이다. 대규모의 역사는 그날그날의 체험된 역사(즉 하루하루의 이야기)들로 축약되고, 어느 정도 일반화의 경향을 지니고 있고 멀리 떨어져 있는 느낌을 주는 세계관은 가까움을 우선시하는 표상들에게 자리를 내어 준다. 이런 맥락에서 볼 때, 디오니소스적 신화의 정적인 혼란이 중요한 문화적 업적들을 창출하였다는 것을 잊지 말아야 할 것이다. 그리고 우리의 대도시가 그의 재생을 위한 틀이 될 수 있다는 것은 가능하다.

4. 디오니소스적 표상

교육학자 정범모는 그의 저서 〈가치관과 교육〉에서 인간의 삶의 유형을 아폴론적 삶, 프로메테우스적 삶, 그리고 디오니소스적 삶의 세 가지 유형으로 나누어 소개하고 있다. 그런데 이 세 가지 삶의 유형은 각각 프리모던, 모던 그리고 포스트모던 사회의 가치체계와 밀접한 관계가 있음을 볼 수 있다. 이제 이 세 가지 삶의 유형의 대조를 통하여 포스트모던사회의 특징이 디오니소스적 삶의 유형과 매우 관계가 깊음을 살펴보고자 한다.

희랍의 신화에는 많은 신(神)들이 나온다. 그 많은 신들 중에 아폴론(Apollon), 프로메테우스(Prometheus), 그리고 디오니소스(Dionysos)라는 세 神이 있다. 희랍의 신화에서 신이란 인격화된 존재이다. 따라서 인간의 세계와 신의 세계를 왔다 갔다 하는 묘한 신들이어서 보다 사람 냄새가 많이 풍기는 신들이다. 이 세 신들의 생활방식이 각기 대표적인 인간 가치 내지는 생활 유형을 묘사하고 있다.

아폴론은 지의 신이자 예언, 의학, 음악, 시, 궁술, 농업의 신이며, 또한 광명과 태양의 신이라고도 알려져 있다. 그의 생활은 격조 높은 사색, 예술, 도덕으로 특징지어져 있으며 희랍의 신 중 가장 광범위하고 심오한 교양을 가지고 있는 신으로 알려져 있다. 재미있는 것은 그가 연애에서는 도리어 자주 실패했다는 이야기다.

프로메테우스는 희랍 신화에서 인류의 신, 즉 인간에게 가장 자혜로운 신으로 등장한다. 그는 인간을 만들었고 하늘에서 불을 훔쳐다가 그것을 인간에게 주었고 또한 인간에게 쓸모가 있는 많은 기술과 과학을 가르쳐 주었다. 그의 생활은 인간을 위한 활동과 봉사, 파괴와 생산으로 가득 차 있다. 하도 인간을 위한 활동이 심하기 때문에 희랍 신화에서 주신인 제우스의 노여움을 사서 산꼭대기에 쇠사슬로 묶여 옥고까지 치렀다.

디오니소스는 술의 신, 예술의 신, 또 쾌락의 신으로 알려지고 있으며, 그의 생활은 술과 여자와 음악과 춤과 음식 속에서 난무적인 유홍으로 차 있다. 그는 이렇게 술과 춤과 사랑의 황홀로써 인간을 해방하고 인간에게 영감을 줄 수 있는 신이라고 알려져 있다.

이 세 신들은 각기 수양관(修養觀), 활동관(活動觀), 쾌락관(快樂觀)으로서의 인간 가치 및 생활 유형을 대표하고 있다. 이 세 가지의 유형을 우선 간단히 생각하는 사람, 일하는 사람, 그리고 즐기는 사람이라고 각각 특징지어 볼 수도 있다.

수양관에서는 인간이 가지고 태어난 것보다는 그것을 가지고 어떤 인간이 되어 가느냐에 가치의 초점을 둔다. 흡사 대리석 덩어리 그 자체보다는 그것을 쪼고 깎고 닦음으로써 보다 아름다운 조각을 이루는 것이 더 중요하다는 것이다. 이렇게 되어가는 과정에서 인간의 거칠고 야한 욕정은 필연적으로 크게 금지 내지는 제거되어야 하며, 약한 몸에서 강한 몸으로, 약한 의지에서 강한 의지로, 미숙한 지성에서 성숙된 지성으로, 천박한 예술에서 고상하고 아름다운 예술로, 좁은 식견에서 넓고 고매한 식견으로 스스로 갈고 가꾸어나가야 한다는 것이다.

이런 높은 격조로 가꾸어 나감이 없이는 인간은 인간이라기보다는 그저 동물의 위치에 남아 있을 뿐이다. 따라서 금욕, 절제, 수양, 수련, 수덕에 가치를 둔다. 이렇게 인간이 그의 모든 면에서 높은 격조로의 수양, 수덕, 수련을 계속할 때에 인간은 마침내 신선도 될 수 있고 신의 세계에도 접근할 수 있다고 주장한다. 대단한 수련을 쌓으면 도통해서 축지술(縮地術)도 가능하고 신과 비슷하게 예언도 할 수 있게 된다고도 한다. 그러나 그렇게 신비스러운 존재까지는 이르지 못한다 할지라도, 부단한 수련을 통하여 인간은 유치한 지성, 막걸리집의 난무, 이리떼의 아우성과 같은 조야함으로부터 벗어나 격조 높은 식견과 예술과 도덕의 세계를 터득할 수는 있다. 이러한 수양관의 입장은 윤리사상상 금욕주의와 그와 유사한 여러 윤리사상에서 또 하나의 흐름을 이루고 있다. 기실 개인의 내면에서도 그리고 사회의 풍조에서도 향락과 수양 또는 쾌락과 금욕은 여러 모양으로 대립적인 갈등을 일으키곤 한다.

활동관에 있어서는 인간이 가지고 태어난 것, 또는 인간이 내면적으로 스스로의 격조를 높여가는 것보다는 인간이 무엇이든 해내는 것, 만들어 내는 것, 이루어 놓는 것이 더 중요한 가치가 된다. 인간이 인간인 이유는 객관적 세계에서 어떤 성취, 업적, 활동, 생산, 창조, 봉사를 이루는 데 있다. 그래서 인간은 불을 만들었고 농사를 지었으며 다리를 놓고 자동차를 만들었으며 원자탄과 우주선을 만들어 냈다. 뿐만 아니라 거대한 정치, 경제, 사회제도도 만들어 냈다. 온갖 예술과 학문도 그것이 인간에게 주어진 것이 아니라 인간이 만들어 냈다는 점에서 하나의 생산으로 볼 수 있다.

이러한 관점에서 보면, 인간 중에서 가장 인간답지 못한 인간은 쓸데없는 인간이다. 이 주장에서는 인간의 가장 중요한 특징은 인간이 도구를 사용한다는 사실에 있다는 점이다. 즉 도구를 발명하고 그 도구를 사용하여 또 다른 여러 가지의 것들을 만들어 낸다는 사실이 인간과 동물을 구별하는 근본적인 차이라고 본다. 또한 더 나아가서는 만들어 낸 것도 귀중하지만, 만들어 내는 그 과정 자체가 보람을 가져다준다. 벌어 놓은 돈, 만들어 놓은 예술작품, 이룩한 사회적 업적 등은 그것이 소중하고 쓸모 있어서가 아니라, 그것을 만들어 내는 과정 자체가 인간적인 희열과 의의를 주기 때문에 만드는 것이다.

따라서 이런 관점에서는 만들며 일하는 과정은 끝이 없다. 할 일, 만들어 내야 할 일이 없을 때란 도리어 인간의 중지를 의미하는 것이기 때문에 일부러라도 일을 하고 문제를 만들어 낸다. 진취, 개척, 생산, 창조 등은 활동관의 특징적인 덕목들이다. 나아가 신이 세계를 만든 것과 같이 인간은 그 무엇을 만들고 이룩함으로써 신과 비슷한 창조적인 존재가 되며, 동물과 같은 완전한 피조물의 입장을 벗어날 수가 있는 것이다. 창조자와 피조자의 중간에서 부단히 생산과 창조의 길을 걸음으로써 인간은 그 자신의 위치를 보다 신적인 존재에 가깝게 접근할 수 있는 것이다.

쾌락관에서는 인간이 인간으로서 살고 있다는 사실에 중점을 둔다. 그리고 그 삶을 넓게 즐기는 데에 인생의 가치가 있다고 본다. 쾌락관에서는 인간이 가지고 태어난 모든 것을 우선 긍정한다. 인간의 육체, 욕망, 희비애락의 감정, 그리고 지성 그 모든 것은 우선 보람 있는 것으로 본다. 이렇게 타고난 것을 우선 긍정하고 그것을 넓게 즐김이 없다면 인생은 목석같이 메마른 것이 될 것이며, 삶이 없는 삶이 된다고도 말할 수 있다.

인생에는 웃음이 있고 눈물이 있고 피가 있고 정이 있으며, 사랑과 따뜻함이 있어야 한다. 그 속에 슬픔이 있고 괴로움이 있고 분노와 욕정이 있어도 이 또한 인생의 일부로 그것을 감출 필요는 없다. 인간이 가지고 태어난 육체, 욕망, 감정을 부정한다는 것은 도리어 인간 그 자체의 부정으로 통한다.

이러한 쾌락관의 주장은 윤리사상사에서도 쾌락주의라는 이름으로 흐르고 있으며, 또는 좀 다른 모양으로 인간이 자연을 존중한다는 의미에서 자연주의의 주장에서도 나타나고 있다. 더구나 20세기에 들어와서 Freud의 정신분석학에 있어서의 중요한 기초는 바로 인간의 욕정을 우선 긍정하고 난 후에 사회적으로 적절한 그 표현과 만족의 길을 찾아야 한다는 쾌락관의 입장이라고 말할 수 있다.

그런데 이 세 가지 삶의 유형에 내재한 가치관은 인류의 역사를 크게 세 가지 시대로 구분할 때, 아폴론적 삶은 고전 및 프리모던(pre-modern), 프로메테우스적 삶은 모던(modern), 그리고 디오니소스적 삶은 포스트모던(post-modern) 시대의 가치관 및 미적 태도와 매우 관련이 깊다고 할 수 있다. 이제 이 세 가지 삶과 관련된 세 시기의 사회현상과 그리고 그에 따른 미적 태도를 비교하면서 살펴보고자 한다.

프리모던 시기와 관련이 있는 아폴론적 삶은 孔子가 '배우고 때로 익히니 또한 즐겁지 아니한가(學而時習之不亦說乎)'라고 말한 것처럼, 학문과 수련 그리고 수양을 통한 깨달음이 궁극적인 목적이 된다. 그리고 예와 격식을 중시하는 형식주의(formalism)가 주를 이루게 된다. 또한 이 시기는 새로운 것을 창조하는 것이 아니라 인정된 옛 성현의 삶이나 스승(또는 장인)의 생활태도나 작품 등이 모방하여야 할 하나의 완전한 이상적인 모델이 되어, 후학들에게는 그러한 경지에 도달하도록 부단히 연마하는 것만이 할 일로 주어지게 된다. 따라서 이 시기는 미래지향적이 아니라 오히려 과거지향적이라고 할 수 있다. 프리모던 시기는 인류 역사상 매우 오랫동안 변화가 거의 없는 시기이기도 하였지만, 완벽한 이상적 모델로서의 설정된 삶의 태도나 작품은 그 본질상 그 어떤 발전이나 진보와는 무관한 것이기 때문이다. 그러므로 이 시기는 새로운 것의 창조나 개선, 발전이 아닌 언제나 이상적 모델의 재현과 회복이 삶의 목표가 되고 모든 예술적 행위의 모든 것이 된다.

그러나 이 시기는 바로 이런 이유로 사회의 변화와 기술적 진보에 적응할 수 없게 되고 그에 따라 생산성이나 효율성이 매우 낮게 된다. 따라서 산업혁명으로 야기된 모던의 시기가 도래하자 이러한 아폴론적 가치관과 미적 태도는 문제가 되었던 것이다.

모던의 시기와 깊은 관계가 있는 프로메테우스적 삶은 필연적으로 겪게 되는 사회의 변화나 기술적 진보에 상응하고자 하는 태도와 함께 그에 따른 생산성과 효율성을 중시한다. Le Corbusier가 '위대한 시대가 도래 했다. 이제 새로운 정신이 존재한다'고 말했듯이 프로메테우스적인 삶은 과거의 비효율적인 손기술과 낡은 사고를 떨쳐버리고 새로운 정신을 구현하고자 하는 태도를 나타낸다. 더욱이 이러한 정신은 언제 어디서나 그리고 그 누구한테도 그대로 적응될 수 있는 실증주의적 합리에 입각한 체계적인 생산 체계를 설정함으로써 '프로젝트로서의 유토피아'를 목표로 하였다. 그리하여 소위 기능주의(functionalism)가 주를 이루게 되었던 것이다. 따라서 이 시기는 아폴론적 삶처럼 과거지향적이 아닌 과거와의 단절과 함께 '무에서의 창조'를 기치로 하는 미래지향적이다. 즉 언제나 지금보다 더 나은 그리고 더 새로운 미래가 되어야만 했던 것이다.

그러나 객관성과 보편성의 원리에 입각하여 언제, 어디에서나 그리고 그 누구에게나 변함없이 한결같이 적용될 수 있는 이상을 추구했던 프로메테우스적 삶은 이미 앞에서 모던의 여러 문제점에서 살펴보았듯이 그야말로 결코 현실적이지 못한 한낱 이상에 지나지 않았다. 왜냐하면 결국 우리의 존재는 특정한 시대에 특정한 장소에서 존재할 수밖에 없을 뿐만 아니라, 우리 자신 역시 특정한 존재들이기 때문이다. 이런 이유로 포스트모던의 시기가 도래하자 이러한 태도는 문제가 되었던 것이다.

발전과 진보에 의해 모든 것이 다 해결될 수 있을 것이라고 믿었던 근대의 신화가 구세주(또는 해결사)로서의 그 신성성이 본질을 잃게 되고, 따라서 발전과 진보가 더 이상 지상명령으로 여겨지지 않게 되면, 세상은 그 자체로 돌아가게 되고 그 자체를 위한 것이 가치가 있게 된다. 이 경우 세상은 외적인 힘이 아닌 내재적인 힘에 의거하게 된다. 또한 우리에게 주어진 숙명적 관계가 강조되는 때 역시 바로 이 때이다. 이 경우, 여러 가지 형태로의 창조가 언제나 새롭고 다양한 동적인 그 어떤 것으로부터 분출하게 된다. 다양한 사회적 상황, 생활방식, 경험 등은 그러한 내재적 힘에 의한 힘찬 생명력의 표현으로 여겨질 수 있다. 그것이 바로 다름 아닌 우리가 그 중요성을 알고 있는 문화다원주의(文化多元主義)의 여러 요소 중의 하나이다. 따라서 이제 모던의 당위성의 논리가 아닌 상대성의 논리가 지배하는 포스트모던사회로의 이행을 나타낸다고 하겠다.

포스트모던의 시기와 관련이 있는 디오니소스적 삶은 우리에게 숙명적으로 주어진 모든 것들을 받아들이고 그것을 즐김에 있다. 그리하여 과거의 이상적인 모델에 집착하지도 그리고 불확실한 미래에 전념하지도 않는다. 다만 내가 처해있는 지금 여기에서의 모든 상황을 누리는 것뿐이다(Carpe diem). 따라서 디오니소스적 삶은 현재 지향적이다. 아니 오히려 현재를 정복하고자 한다고 말하는 것이 더 적절할 것이다. 이러한 태도는 모던의 프로메테우스적 태도와는 달리 주어진 제 각각 나름의 상황을 인정함으로써 다양성과 상대성을 인정한다. 그리하여 모던에 의해 억압된 다양한 욕구가 분출하게 된다.

포스트모던 사회에서의 이러한 욕구는 다양한 삶의 형태와 고유한 지역정서의 회복에 일차적으로 관계된다. 이러한 억압된 욕구의 분출은 결국 유희적이고 쾌락적인 자기만족의 표현이다. 이러한 이유로 포스트모던 사회를 유희적이고 쾌락적인 자기만족의 표현으로 이해될 수 있는 것이다. 즉 포스트모던은 주어진 상황에서 그 나름의 욕구를 이리저리 모색하는 시기라고 할 수 있다. 따라서 거기에는 지향하는 뚜렷한 방향이나 원리는 없다. 다만 그 나름대로의 이유나 뿌리를 모색할 뿐이다. 이는 모던의 닫힌 체계가 아닌 열린 체계를 의미하는 것이다. 따라서 포스트모던의 이러한 열린 사회적 풍토는 경직된 모던의 인위적 접근 태도가 아니라 무위자연(無爲自然)을 강조하는 도가사상(道家思想)과 일맥상통한다고도 볼 수 있다.

XII. 결 론

이제까지 살펴 본 포스트모던의 제 현상을 다음의 몇 가지 측면에서 정리하면서 결론을 맺고자 한다.

1. 모던에서는 과거와의 단절과 함께 무에서의 창조를 하고자 했던 반면에, 포스트모던에서는 과거와의 연속성과 함께 주어진 것을 가지고 주어진 것에 적응시키고자 하였다. 사실 어떤 측면에서 볼 때, 즉 그 어떤 명확한 목적이 있을 때는 우리를 구속하고 있는 부정적인 과거나 비효율적인 과거의 굴레를 떨쳐버리고 새롭게 시작하는 것이 매우 효과적이고 생산적일 수 있다. 그러나 우리의 존재 자체가 우리의 의지와는 관계없이 주어지는 것이고 또 대부분 우리의 삶은 그렇게 주어진 환경 속에서 살아가야만 한다는 것을 생각하면, 우리의 삶의 투영으로서의 건축과 도시에 '무에서의 창조'라는 개념의 적용은 실로 무리가 간다고 하겠다. 즉 전략적으로 또 선택적으로 모던의 논리를 제한적으로 채택할 수 있을지라도 궁극적으로는 우리에게 주어진 것을 인정하고 그 가능성을 개발하는 것이야말로 '최선의 합리'일 수밖에 없는 것이다.

2. 모던의 논리에 의하면, 지속력 있는 그 어떤 형태가 존재할 수 없다. 즉 언제나 새롭고 더 효율적인 형태가 나타나면 이전의 형태는 사라질 수밖에 없기 때문이다. 따라서 건축이나 도시의 본연의 모습을 말할 수 없게 된다. 즉 모던에 의한 건축과 도시

에 대한 정의는 언제 어디에서나 충족될 수 있는 필요하고도 충분한 조건이 되질 못하고 또 하나의 정의에 불과한 것이 되었던 것이다. 이는 '인간은 무엇이다'라고 정의하는 것과 같은 것이다. 그런데 인간은 언제나 그러한 정의를 벗어나는 존재임을 우리는 부인할 수 없다. 그만큼 인간의 존재는 한두 가지의 정의로 환원될 수 없는 매우 복잡하고 미묘한 존재이기 때문이다. 결국 '인간다운 인간이 인간이다'라고 할 수 밖에 없으며, 인간다운 인간을 인식하기 위해서는 인간 그 자체를 관조(觀照)하는 태도가 필요하다. 마찬가지로 '건축다운 건축이 건축이며, 도시다운 도시가 도시일 뿐'인 것이다. 이는 孔子가 말하는 '君君臣臣父父子子(임금은 임금다워야 하고, 신하는 신하다워야 하며, 자식은 자식다워야 한다)'와 같은 의미이다. 즉 모든 것에는 그 이름에 걸맞은 정당한 모습이 있다는 것이다. 따라서 건축과 도시의 정당한 본연의 모습을 회복하여야 할 것이며, 이런 의미에서 건축과 도시의 '존재론적 신화의 회복'은 매우 중요한 일인 것이다.

3. 모던의 닫힌 체계와 포스트모던의 열린 체계 간의 차이를 이해하여야 할 것이다. 이를 다른 말로 표현한다면, 결정주의와 가능성주의 간의 차이라고도 말할 수 있다. 이미 살펴본 바와 같이 닫힌 체계에서는 선택의 여지가 없게 되고, 그런 이유로 상황적 변화에 매우 취약하다는 것을 알 수 있다. 이는 긍정적인 면만큼이나 위험부담이 크다는 것을 의미한다. 우리의 삶에는 언제나 우여곡절이 많이 있게 되며 예기치 못한 일들을 겪게 마련이다. 따라서 어느 한 시점, 한 측면에서 선악과 우열을 판단할 수는 없으며, 오직 삶에 대한 깊은 이해와 통찰력만이 요구될 뿐이다. 마찬가지로 닫힌 체계로서의 건축과 도시에 대한 접근은 매우 위험부담이 많은 접근방법이라고 할 수 있다. 왜냐하면 모던의 문제는 결과적으로 검증되지 않은 논리를 적용하였다

는 데 있기 때문이다. 그런데 어느 경우에도 인간은 검증되지 않은 논리의 실험 대상이 될 수는 없는 것이다. 따라서 이제 중요한 것은 검증되지 않은 최선의 그 어떤 것이 아닌, 오랜 기간의 삶 속에서 인정된 가장 덜 나쁜, 가장 덜 위험한 접근 방법을 택하는 것이다. 이런 의미에서 열린 체계로의 전환은 매우 의미있는 일이다. 따라서 복잡한 실체를 분석하거나 몇 가지 기능으로 환원하지 말고 복잡성 그 자체를 학문의 대상으로 삼는 발상의 전환이 필요하며, 이것이 바로 '총체적인 접근 방법(holistic approach)'의 요체인 것이다.

4. 사소한 현상처럼 보일 수 있고 이상한 형태의 단순한 목록처럼 보일 수 있는 변형은 아이디어에서 형태에 이르는 과정에 필연적으로 내재하는 왜곡을 나타낸다. 습관적인 형태의 해결이 기능적 결정주의의 환상에 쉽게 빠지게 함으로써 특정한 건축적 능력의 불필요성을 제기한다면, 변형은 반대로 그러한 결정주의에 대한 형태의 저항을 나타낸다. 변형의 개념을 통하여 구상은 단순한 일의적(一義的)인 적용이 아닌 상호성의 작용이라고 하는 진정한 변증법임이 확인된다. 변형은 공간적인 것이 정신적으로 환원될 수 없음을 보여주는 다소 거친 표시이다. 그것은 한 번 더 건축구상의 복잡한 특성을 나타내며, 기계적인 방식으로 이루어지는 그 어떤 작품의 구상도 막아준다. 그것은 또한 왜 그 어떤 존재 조건도 그것만으로는 완전하게 하나의 건축 형태를 결정하지 못하는가를 엿볼 수 있게 한다. 여기서 컨텍스트에 적응의 개념은 중심적이다. 변형은 건축적 대상물을 그것이 처해 있는 환경에 적응시키는 하나의 기법이다. 따라서 변형의 의미와 태도의 연구를 통하여 건축은 그 존재 조건뿐만 아니라 그것의 '공존방식'에 관련되어 있음을 알 수 있다.

5. 복잡한 건축의 모든 문제는 자동구성조직의 개념 안에 놓일 수

있다. 그런데 이 개념은 환경과 상호 작용하는 살아 있는 체계를 위해서만 의미를 갖는다. 건축적 오브제를 거주를 위한 기계라고 하는 순수한 인공물로 생각한다면, 합리주의자들이 부딪쳤던 장애를 다시 부딪치게 된다. 그리하여 건물을 폭파하게 될 지경에 이르게 될지도 모른다. 반대로, Tschumi의 작품에서 강조했던 것처럼, 건축적 오브제를 개인과 시간을 포함하여 보다 넓은 체계 안에서 통합한다면, 품성, 생활방식, 사회적 가치, 기능성의 기준, 의미적 또는 상징적 가치 등 다방향적 진화에 적응 가능한, 그리고 물론 되돌아서 그 특질의 증대에 참여하기 위해 그 환경에 작용 가능한 복잡한 건축을 구상할 수 있는 가능성을 우리는 갖게 된다. 이제 우리는 오직 논리적/합리적 사고를 위해 인간의 정신 활동의 상상적/상징적인 면과 관계를 끊는 것을 피할 수 있으며, 또한 우리는 감정적이고 때로는 마술적이기까지 한 그 어떤 힘과 건축이 단절되지 않게 할 수 있다. 그리하여 우리는 건축의 근본적인 범주로서의 즐거움을 회복할 수 있다. 즉 우리는 합리주의적/기능주의적 이론의 대부재(大不在)로 나타나는 즐거움을 회복할 수 있다. 따라서 이제 건축은 살아있는 예술, 즉 '삶의 예술'이 될 수 있다.

6. 모던에서의 합리와 이성의 강조는 효용성과 생산성이라는 측면에서 해방과 각성을 가져왔으나, 이는 곧바로 세상에 대한 환멸과 함께 삶의 각박함과 메마름을 초래했다. 즉 상상적인 면, 다의적인 면, 시적인 면, 어둑한 면, 신비스러운 면의 상실을 초래한 것이다. 이제 생산적인 면을 강조하는 프로메테우스적 신화의 추구에서 벗어나, 인간의 감정적인 면이 강조되는 디오니소스적 신화에 내재해 있는 희열과 잉태의 가능성에 관심을 두어야 할 것이다. 왜냐하면 우리는 우리의 삶을 통하여 합리주의적 시각으로는 이해할 수도 설명할 수도 없으나, 디오니소스적 정적(情的) 혼란에 내재해 있는 강한 생명력과 잉태된 놀라운 가능

성을 봐왔고 체험해 왔기 때문이다. 예컨대 믿음, 사랑, 추억, 기억, 이미지, 냄새, 색깔, 소리 등등으로 인한 그 어떤 효과 같은 것들이다. 삶은 그 자체가 하나의 경이로운 여정이다. 이 점에 있어 우리는 '현실의 세계가 허구의 세계를 능가한다'는 것을 다시 한 번 깊이 깨달아야 할 것이다. 이럴 때 비로소 우리는 풍요로운 삶의 본질과 함께 존재의 비극(즉 한계)을 이해할 수 있을 것이다.

참고문헌

노버그 슐츠(저), 김광현(역), 실존, 공간, 건축, 태림문화사, 1994

노버그 슐츠(저), 민경호 외 3인(역), 장소의 혼, 태림문화사, 1996

마훼졸리 외 3인, 인본주의 시각으로 본 도시성의 발견, 서울대 환경대학원, 1987

이규목, 도시와 상징, 일지사, 1988

이준표, 모던과 포스트모던, 도서출판 개신, 2001

이준표, 도시구성, 충북대학교 출판부, 2013

정범모, 가치관과 교육, 배영사, 1983

정인하, 현대건축과 비표상, 아카넷, 2006

ALEXANDER, Christopher, Notes on the Synthesis of Form, Harvard University Press, 1964

ALTMAN, Irwin., The Environment and Social Behavior, Brooks /Cole Publishing Co., 1975.

ANDERSON, Stanford., on Streets, MIT press, 1978

BAREY, André., Déclaration de Bruxelles, AAM Editions, 1980.

BELL, Gwen and TYRWHITT, Jaqueline., Human Identity in the Urban Environment, Butler & tanner ltd., 1972.

BELMONT, Joseph., Modernes et Postmodernes, Editions du Moniteur, Paris, 1987.

BELMONT, Joseph., De l'Architecture à la Ville, Editions du Moniteur, Paris, 1989.

BENEVOLO, Léonardo., Histoire de l'Architecture Moderne, T.2: Avant garde et mouvement moderne 1890~1930, Coll. Espace et Architecture, Dunod, 1979.

BERQUE, Augustin., Les Raisons du Paysage, Editions du Hazan, 1995.

BERQUE, Augustin, Cinq Propositions pour une Théorie du Paysage, Editions Champ Vallon, 1994.

BESSET, Maurice., Le Corbusier, Editions d'Art Albert Skira S.A., Genève, 1987.

BORIE, Alain., MICHELONI, Pierre., PINON, Pierre., Forme et Déformation, Ecole Nationale Supérieure des Beaux-Arts, 1984.

BOUDON, Philippe., Sur l'Espace Architectural, Dunod, Paris,1971.

BOUDON Ph., De l'Architecture à l'Epist mologie, La question de l'échelle, PUF, 1991.

CHARRE, Alain., Art et Urbanisme, PUF, 1983. (que sais-je? 2089)

CHOAY, Françoise., La Règle et le Modèle, Sur la théorie de l'architecture et de l'urbanisme, Editions du Seuil, Paris, 1980.

CHOAY, Françoise., L'Urbanisme, utopies et réalit s, Editions du Seuil, 1965.

CHOAY, Françoise., Pour une nouvelle lecture de Camillo Sitte, in : revue, Communication, nombre 27, Sémiotique de l'Espace, Seuil, 1977, pp. 112~121.

CHOAY, Françoise., L'All gorie du Patrimoine, Editions du Seuil, 1992.

CLEMENT, Sophie., CLEMENT, Pierre., SHIN, yong-hak., Architecture du Paysage en Extrême-Orient, Ecole nationale supérieure des Beaux-Arts, Paris, 1987.

CURRAN, Raymond J., Architecture and the Urban Experience, VNR, 1983.

DEVILLERS, Christian., Typologie de l'Habitat et Morphologie Urbaine, in Architecture d'Aujourd'hui, nombre 174, Juillet-Août, 1974.

FAREL, Alain., Le troisi me labyrinthe : Architecture et Complexité, Les Editions de la Passion, 1991.

GALLION, Arthur B. et EISNER, Simon., The Urban Pattern, 4th ed. Van Nostrand Co., 1980.

GIEDION, Siegfried., Architecture et Vie Collective, Redonner la ville aux hommes, Editions Denoel-Gonthier, Paris, 1980.

GIEDION, Siegfried., Space, Time and Architecture, Harvard University Press, 1973.

GOSLING, David & MAITLAND, Barry., Concepts of Urban Design, Academy Editions / St. Martin's Press, 1984.

GRUEN, Victor., Centers for the Urban Environment, VNR, 1973.

HAROUEL, Jean-Louis., Histoire de l'Urbanisme, PUF, 1981.(que sais-je? 1892)

JACOBS, Jane., Déclin et Survie des Grandes Villes Américaines, Pierre Mardaga, 1991.

JENGER, Jean., Le Corbusier : l'Architecture pour émouvoir, Gaillimard, 1993

JENCKS, Charles., The Language of Post-modern Architecture, Academy Editions, London, 1978.

JENCKS, Charles., Late-modern Architecture, Academy Editions, London, 1980.

JENCKS, Charles., What is Post-Modernism?, Academy Editions St. Martin's Press, New-York, 1989.

JONES, Emrys., Towns and Cities, Oxford University Press, 1970

KAUFMANN, Emil., De Ledoux à Le Corbusier, Origine et développement de l'architecture autonome, Livre et Communication, 1990.

KRIER, Léon., Atlantis, AAM Editions, 1988.

KRIER, Léon., Houses, palaces, cities, AD Editions, 1984

KRIER,. Léon., Architecture & Urban design(1967~1992), Academy Editions, 1992.

KRIER, Robert., L'Espace de la Ville, AAM Editions, 1980.

Le CORBUSIER, Urbanisme, Les Editions Arthaud, Paris, 1980.

Le CORBUSIER, La Charte d'Athènes, Editions de Minuit, 1957.

Le CORBUSIER, Vers une Architecture, Editions Arthaud, 1995.

LEDRUT, Raymond., Sociologie Urbaine, PUF, 1979.

LESNIKOWSKI, Wojciech G., Rationalism and Romanticism in Architecture, McGraw-Hill, Inc., 1982.

LYNCH, Kevin., The Image of the City, MIT, 1975.

MAFFESOLI, Michel., La Conquête du Pr sent, Pour une sociologie de la vie quotidienne, PUF, 1979.

MAFFESOLI, Michel., La Connaissance Ordinaire, Précis de sociologie compréhensive, Paris, Librairie des Méridiens, 1985.

MAFFESOLI, Michel., Le Temps des Tribus, Le déclin de l'individualisme dans les sociétés de masse, Paris, Méridiens Klincksieck, 1988.

MAFFESOLI, Michel., Au Creux des Apparences, Pour une éthique de l'esthétique, Paris, Plon, 1990.

MAFFESOLI, Michel., La Contemplation du Monde, Figures du style communautaire, Grasset, 1993

MERLIN, Pierre., Morphologie Urbaine et Parcellaire, PUV Saint-Denis, 1988.

MAITINO Hilda et SOMPAIRAC Arnaud., Formes Urbaines et Habitat Social : 120 réalisations expérimentales du Plan Construction et Habitat (1978~1984), 1986.

MORIN, Edgar, Introduction a la Pensee Complexe, ESF editeur, Paris, 1990

MUMFORD, Lewis., The City in History, Its origins, its transformations and its prospects, Harcourt, Brace & World, Inc., New York, 1961.

MURET, Jean-Pierre., La Ville comme Paysage, Editions du Centre de Recherche et de Rencontres d'Urbanisme, 1980.

NEWMAN, Oscar., Defensible Space, Collier Books Edition, 1976.

NOSCHIS, Kaj., Signification Affective du Quartier, Paris, Librairie des M ridiens, 1984.

OSTROWETSKY, Sylvia., L'Imaginaire Bâtisseur : les villes nouvelles françaises, Paris, Librairie des Méridiens, 1983.

PANERAI, Philippe et al., Eléments d'Analyse Urbaine, AAM Editions, 1980.

PAPADAKIS, Andreas, L'Architecture Aujourd'hui, Edition Pierre Terrail, Paris, 1991

PINON, Pierre, Lire et Composer l'Espace Public, Les Editions du STU, 1991.

PINON, Pierre, Composition Urbaine, I-Repères, Les Editions du STU, 1992.

PINON, Pierre, Compositions Urbaine, II-Projets, Les Editions du STU, 1994.

PORPHYRIOS, Demetri., Classicism is not a Style, Academy Editions / St. Martin's Press, 1982.

PORPHYRIOS, Demetri, Imitation & Convention in Architecture, : The New Classicism, (pp.15~21), Architecture Design, 1988

PORTOGHESI, Paolo., After Modern Architecture, Rizzoli International Publications, Inc., 1982.

PORTOGHESI, Paolo., Postmodern, Rizzoli International Publications, Inc., 1983.

RAGON, Michel., Le Temps de Le Corbusier, Editions Hermé, 1987.

RAYMOND, Henri., L'Architecture, les Aventures Spatiales de la Raison, Collection Alors, 1984.

RAYMOND, Henri., Habitat Modèles Culturels et Architecture, in : AA, No. 174, 1974.

RONCAYOLO, Marcel et PAQUOT Thierry., Villes & Civilisation Urbaine : XVIIIe-XXe siècle, Larousse, 1992.

ROSSI, Aldo., L'Architecture de la Ville, Edition L"EQUERRE, 1984.

ROWLAND, Kurt., The Shape of Towns, Ginn and Company Ltd., 1976.

ROWE, Coline & KOETTER, Fred., Collage City, Editions du Centre Pompidou, Paris, 1993.

RYKWERT, Joseph., The Idea of a Town, The MIT Press, 1988.

SITTE, Camilo., L'Art de bâtir les Villes, Editions L'EQUERRE, 1984.

SNYDER, James C. et CATANESE, Anthony J., Introduction to Architecture, McGraw Hill, Inc., 1979.

STEADMAN, Philip., The Evolution of Designs : Biological analogy in architecture and the applied arts, Cambridge University Press, 1979.

TAFURI, Manfredo, Architecture and Utopia, Design and capitalist development, The MIT Press, 1979.

TAYLOR, Lisa, Cities, The forces that Shape them, Rizzole International Publications, Inc., 1982.

YOSHINOBU Ashihara, The Aesthetic Townscape, MIT Press, 1983.

YOSHINOBU Ashihara, L'Ordre Caché, Editions Hazan, 1994.
__________, The Cornell Journal of Architecture, Rizzoli, Fall, 1983.
__________, The New Classicism, AR Ed. 1988.
__________, Urbanism, AD Publication Ltd., 1984.

이 준 표

서울대학교 대학원 건축학과 및 도시공학과 졸업 (공학박사)
Paris V(Sorbonne), Social Science 박사과정 수료
Paris, La Villette 건축학교 방문 연구
현, 충북대학교 건축학과 교수

저서 : 도시와 건축, 태림문화사, 1998
모던과 포스트모던, 도서출판 개신, 2001
도시구성, 충북대학교 출판부, 2013

역서 : 건축설계개론, 대우출판사, 1985
건축과 도시경험, 태림문화사, 1999
형태와 변형, 태림문화사, 2002

* 이 저서는 2013년도 충북대학교 학술연구지원사업의 연구비 지원에 의하여 발행되었음.

포스트모던의 이해

2014년 11월 20일 초판 인쇄
2014년 11월 25일 초판 발행

저 자 이 준 표
발행인 정 헌 준
발행처 태림문화사
서울시 영등포구 문래동 1가 39번지
센터플러스 1022호
TEL 02) 714-2478 / 716-2473
FAX 02) 718-4580
E-mail taerim79@hanmail.net
H-page http://taerim.dabori.com
등 록 1979. 3.27 (2-679)

ISBN 978-89-8205-240-8 정가 12,000 원

한국과학기술출판협회 회원사

이 도서의 국립중앙도서관 출판 예정 도서목록(CIP)은 서지정보유통지원시스템 홈페이지(http://seoji.nl.go.kr)와 국가자료공동목록시스템(http://www.nl.go.kr/kolisnet)에서 이용하실 수 있습니다.(CIP제어번호: CIP2014032200)